조선시대의 산학총서

측량도해
(測量圖解)

패동 남원상(浿東 南元裳) 도해
유인영·허 민 옮김

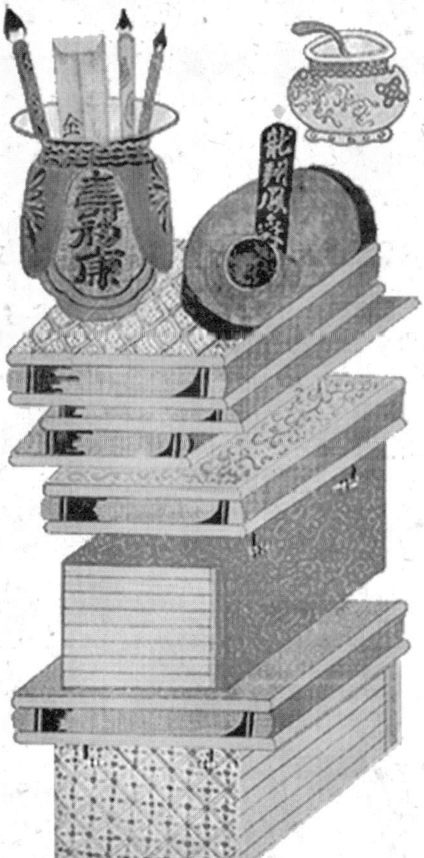

KYOWOO CO. Publishing 教友社

조선 시대의 산학서를 내면서

한국수학사학회에서는 한국학술진흥재단이 지원한 2002년도 기초학문육성지원사업(인문사회분야 국학고전연구)의 일환으로 연구 과제 《조선 시대의 산학서 번역》을 수행했다. 이의 목적은 다음과 같다.

(1) **한국 수학사 연구의 기초 마련** 우리의 전통 수학을 체계적으로 번역하고 현대적인 관점에서 해석한 결과물을 제시함으로써, 이에 대한 연구를 자극하는 촉진제와 연구의 기초를 마련한다.

(2) **고전에 대한 접근 용이성 및 자료 보급** 고전 문헌을 현대어로 번역함으로써, 많은 사람들에게 우리의 전통 수학을 접할 수 있는 기회를 제공한다.

이를 위해 다음과 같은 10종의 산학서를 선택하여 번역했다.

『默思集算法』 천 · 지 · 인 3권
『九數略』 건 · 곤 2권
『九一集』 천 · 지 · 인 3권
『算學入門』(『이수신편』21 · 22권) 2권
『算學本源』(『이수신편』23권) 1권
『算術管見』 1권
『借根方蒙求』 건 · 곤 1권
『翼算』 상 · 하편 2권
『測量圖解』 1권
『劉氏句股述要圖解』 1권

한국수학사학회 회장

역자 서문

『측량도해』(測量圖解)는 목활자본(木活字本) 1책(冊)으로 국립중앙도서관에 소장되어 있는데,[1] 저자 남원상(南元裳)[2]이 중국의 산서 『구장산술』(九章算術), 『해도산경』(海島算經), 『수서구장』(數書九章)에서 (닮은 직각 삼각형을 활용하는) 측량과 관련된 부분을 발췌해서 도해(圖解)한, 즉 그림을 통해 해법의 정당성을 밝히고 풀이한 책이다.[3]

남상길은 조선 말기의 문신 · 천문학자 · 수학자로 초명(初名)은 병길(秉吉)이다. 본관은 의령(宜寧)이고 자는 자상(子裳)이며, 호는 혜천(惠泉) · 육일재(六一齋) · 만향재(晩香齋)이다. 철종(哲宗) 1년(1850) 증광문과(增廣文科)의 병과(丙科)에 급제하여, 수찬(修撰) 등을 거쳐 황해도 관찰사 · 이조참판 · 형조판서 등을 지냈고, 철종 13년(1862)에는 의정부 좌참찬(左參贊)에 올랐다. 시호는 문정(文靖)이다. 천문학에 관한 저서로 『시헌기요』(時憲紀要), 『성경』(星鏡), 『추보첩례』(推步捷例), 『성도의도설』(星度儀圖說), 『중성신표』(中星新表), 『항성출중입표』(恒星出中入表), 『태양실루표』(太陽實漏表), 『춘추일식고』(春秋日食攷) 등이 있고, 수학에 관한 것으로는 『양도의도설』(量度儀圖說), 『유씨구고술요도해』((劉氏勾股述要圖解), 『춘추일식고』(劉氏句股術要圖解), 『무이해』(無異解), 『산학정의』(算學正義), 『구장술해』(九章術解), 『집고연단』(緝古演段), 『옥감세초상해』(玉鑑細草詳解) 등이 있다.[4][5]

김용운 · 김용국은 남상길의 『측량도해』에 대해 다음과 같이 썼다.[6] "당시의 수학 해설서 중에서도 가장 완벽했던 도해(圖解)에서도 수학자의 세련된 감각을 느낄 수 있다. 『수리정온』(數理精蘊)[7] 등의 영향을 입은 탓이겠지만, 어쨌든 그

1) 김용운 편, 한국과학기술사자료대계 수학편 5, 여강출판사, 1985, pp. 五-十.
2) 원상은 남상길(南相吉, 1820~1869)의 자(字)이다.
3) 서문은 이상혁(李尙爀, 1810~?)이 썼다. 남상길과 이상혁은 사대부와 중인이라는 신분의 차이를 넘어서 수학 연구에 있어서는 공동 연구자였다. 이들 두 사람은 한국 수학사에서 가장 훌륭한 연구 활동을 한 사람들이다. 남상길이 저술하면 이상혁이 서문을 쓰거나 교정을 하였고, 반대로 이상혁이 저술하면 남상길이 서문을 쓰는 것이 그들의 저술 활동에 나타난 대부분의 형식이기도 했다. 이 책도 그러한 패턴의 하나이다. [김용운, 위의 책, p. 五]
4) 김용운 · 김용국, 한국수학사, 열화당, 1982, pp. 263~264.
5) 그의 형인 남병철(南秉哲, 1817~1863)은 예조 · 이조판서 · 홍문관 대제학 등을 역임한 문신으로, 역시 수학과 천문학에 밝았다.
6) 김용운 · 김용국, 위의 책, p. 265.
7) 중국 청나라의 강희제 시대에 계획되고 옹정 원년(1723년)에 완성된 100권으로

장점을 깨닫고 종래의 산서(算書)에서는 볼 수 없었던 도해법(圖解法)을 적극적으로 도입하여 계산술만이 유일한 수단이자 방법이었던 전통 수학의 세계에 혁명을 가져왔다는 점에서는 <고전 수학의 근대적 해석>이라고 부르고 싶기까지 한 청신한 수학 정신을 엿볼 수 있다."[8]

책의 내용을 좀더 상세하게 설명하면 다음과 같다.

(1) 구장 중차(九章重差)

『구장산술』 제9권 <구고>의 마지막 8문제로, 측량에 관한 제17문부터 제24문까지를 그 순서대로 다루고 있다. 중국 삼국 시대의 위(魏)나라 사람인 유휘(劉徽)가 주석을 붙인 『구장산술』을 원본으로 삼아서 남원상이 도해했다.

비교적 단순한 상황을 다루고 있으며 한 쌍의 닮은 직각 삼각형을 활용해서 해결할 수 있는 문제들로 이루어져 있다. 이중에서 [구고 9-20][9]은 고대 중국에서 기하학적 방법으로 이차 방정식을 설정하는 첫 단계를 보여주는 문제로, 특히 관심을 끌고 있다.

(2) 해도산경(海圖算經)

여기서는 『해도산경』 전체를 도해하고 있다. 유휘는 『구장산술』을 주석하면서(서력 263년), 제9권 <구고>에 '중차'[10]의 개념을 활용하는 측량에 관한 문제를 추가했었다. 이것이 당 시대에 한 권의 책으로 독립되어 『해도산경』으로 불리게 되었고, 산경십서(算經十書)[11]의 하나가 되었다. 남원상은 이순풍[12] 등이 주석을

이루어진 음률·천문학·수학에 관한 삼부작 『율력연원』(律曆淵源) 중에서 수학 분야를 지칭한다. 53권으로 이루어져 있으며, 중국의 수학과 대체로 17세기 이전의 유럽 수학의 중요 부분이 거의 망라되어 있다.

8) 그런데 『수리정온』 이전에도 도해법이 이용된 중국의 산서가 있었다. 예를 들면, 청나라 초기인 1681년에 두지경(杜知耕)이 펴낸 『수학약』(數學鑰)의 마지막인 제6권에서 이 책에서 볼 수 있는 것과 유사한 도해를 찾아볼 수 있다. 『수학약』은 『중국역대산학집성』(中國歷代算學集成, 산동인민출판사, 1994)의 2873-3023쪽에 수록되어 있다.

그리고 유휘는 『구장산술』에 주석을 붙일 때 이미 개방술을 설명하기 위해 색깔을 넣은 그림을 첨부했었다고 한다.(S. Kangshen · J.N. Crossley · A.W.-C. Lun, *The Nine Chapters on the Mathematical Art*, Oxford University Press, 1999, 209쪽)

9) 『구장산술』 제9권의 제20문을 의미한다. 본 <구장 중차>에서는 네 번째 문제이다.

10) '중차'의 개념은 본문의 해당하는 부분에서 설명한다.

11) 중국 한과 당 시대에 만들어진 10종의 수학 책으로 『주비산경』, 『구장산술』, 『해도산경』, 『손자산경』, 『하후양산경』, 『장구건산경』, 『철술』, 『오조산경』, 『오조산

붙인『해도산경』을 원본으로 삼아서 도해했다.

<구장 중차>에 비해 상당히 더 복잡한 상황을 다루고 있으며 두 쌍의 닮은 직각 삼각형을 이용해서 원하는 거리와 깊이를 구하고 있다.

마지막 부분에는 이순풍 등의 주석이 적절하지 못함을 지적하는 청 시대의 산학자 대진(戴震, 1724~1777)의 <해도산경 정와>가 있고,『해도산경』의 대략에 관한 대진과 공계함(孔繼涵, 1739~1784)의 <해도산경 발문>이 실려 있다.

(3) 수서구장 측망류(數書九章測望類)

여기서는『수서구장』에서 뽑은 측량에 관한 아홉 개의 문제를 도해하고 있다.『수서구장』은 중국 전통 수학의 황금기를 형성했던 남송(1127~1279) 시대에 진구소(1202?~1261?)가 1247년에 출간했다. 이 책은『수학구장』(數學九章),『수학대략』(數學大略),『수술대략』(數術大略)이라고도 불리며 18권으로 이루어져 있는데, 대연(大衍)·천시(天時)·전역(田域)·측망(測望)·부역(賦役)·전곡(錢穀)·영건(營建)·군려(軍旅)·시물(市物)의 각 2권 9류(類)로 되어 있다. 이 책은 이야(李冶, 1192~1279)의『측원해경』(測圓海鏡)과 함께 중국의 산학, 특히 대수학 분야에서 가장 중요한 책의 하나로 꼽히고 있다.『구장산술』에 있는 제곱근과 세제곱근을 구하는 방법은 원리적으로 삼차 이상의 고차 방정식에 적용할 수 있다. 그러나 삼차 이상의 고차 방정식의 해법은『수서구장』에 처음으로 나타난다.[13]

본 <수서구장 측망류>에서 다룬 아홉 개의 문제는,『수서구장』제7, 8권 <측망류>의 아홉 문제 중에서 문제 '고지추원'(古池推元)을 제외한 여덟 문제와 제16권 <군려류>의 한 문제 '망지적중'(望知敵衆)으로 이루어져 있다. 대부분『해도산경』의 문제와 유사한 방법으로 해결할 수 있다. 다만, 원과 관련된 다섯째 문제 '요도원성'(遙度圓城)과 여섯째 문제 '망적원영'(望敵圓營)은 각각 십차 방정식과 사차 방정식의 풀이를 동반한다.

술』,『집고산경』을 말한다.

12) 李淳風(604?~672?), 당 시대의 수학자·천문학자로, 고종(628~683, 당 제3대 황제, 재위 649~683)에 의해 태사령(천문대장)에 임명되었다. 그리고 어명을 받고 양술(梁述), 왕진유(王眞儒) 등과 함께 산경십서에 주석을 붙였다.

13) 김용운·김용국, 중국수학사, 대우학술총서·자연과학 109, 민음사, pp. 219~221.

일러두기

1. 다음 책에 실린 『측량도해』를 번역 대본으로 삼았다.

   김용운 편, 한국과학기술사자료대계 수학편 5, 여강출판사, 1985.
   金容雲 編, 韓國科學技術史資料大系 數學篇 [6], 驪江出版社, 1985.

   또한, 다음 책에 실린 관련 문헌을 참조하여 오자와 탈자를 바로잡았다.

   靖玉樹編勘, 中國歷代算學集成 上, 山東人民出版社, 1994.

2. 문항 번호를 책에 따라 다음과 같이 부여했다.

   <구장 중차>: **【구장 9-17】** ~ **【구장 9-24】**
   <해도산경> : **【해도 1】** ~ **【해도 9】**
   <수서구장 측망류>: **【수서 1】** ~ **【수서 9】**

3. 일반적으로 다음과 같은 체제에 따라 편집했다.

   【문항 번호】 … 〔문제 번역문〕 …
   … 〔문제 원문〕 …

   답 … 〔답 번역문〕 …
   答 … 〔답 원문〕 …

   해법 … 〔풀이 번역문〕 …
   術曰 … 〔풀이 원문〕 …

   ☞ **역자 주:** 해법에 대한 현대적인 용어와 기호를 이용한 설명과 주석

   그림 해설 … 〔그림 해설 번역문〕 …
   圖解 … 〔그림 해설 원문〕 …

   ☞ **약해:** 그림 해설에 대한 현대적인 용어와 기호를 이용한 설명과 주석

4. 원문의 주석(작은 글씨에 두 줄로 쓴 부분)은 모두 「…」 안에 넣어 표시했다.

5. 해법과 그림 해설에는 원문의 이해를 돕기 위해 필요한 말을 [⋯] 안에 넣기도 했다.

측량도해(測量圖解)

목차(目次)

측량도해 서문(測量圖解序)

『주비산경』[1]에 다음과 같은 말이 있다. "곱자를 뒤로 눕혀서 높이를 관측하고, 곱자를 뒤집어 깊이를 측정하며, 곱자를 모로 눕혀서는 거리를 알 수 있다."[2] 또 다음과 같은 말도 있다. "그것들〔높이, 깊이, 거리〕을 수로 새기는 것은 오직 만물을 알맞게 처리해서 정하는 일이다." 곱자는 곧 구고를 재는 기구이다. 혹은 푯말이나 자의 이치도 실제로는 서로 같다. 위대한 순[3] 임금이 정사를 바르게 하고 신묘한 우[4] 임금이 물을 다스릴 적에도 이에 힘입지 않고 일을 성사시킨 바는 없다.

후세에는 그 쓰임을 능히 아는 자가 드물어, 남겨진 방법은 흩어져 소실되고 전하는 것이 거의 없었다. 그래서 서양에서 방법이 중국에 들어오자, 학자들은 할원각도의 새로움에 놀라고 측정 계산 방법을 자랑스러워했다. 이제 그 이후에 거의 사라진 것을 크게 보완하기 시작했으니, 옛 사람의 방법이 원래 통하지 않은 것이 없다는 사실을 몰랐다. 대씨[5]의 『할원기』[6]는 비록 논의되고 있는 것과 합치하려 했지만, 새로운 기술에서 벗어나지 않고 단지 말과 명칭만 옛 뜻을 썼을 뿐이다. 옛 사람들이 곱자의 방법을 쓴 것에 만의 하나라도 실마리를 찾을 수 있다면, 오직 〈구장 중차〉 하나의 책뿐이다. 〈구장 중차〉는 곧 산경십서의 『해도산경』이 되었다.

공계함[7]은 『구장』의 구고편 마지막에 거리를 관측하고 높이를 헤아리며 깊이를 측정하는 일곱 가지 방법이 있다고 보았다. 혹은 이를 줄여서 〈구장 중차〉라고 한다. 이제 구고편 마지막에 원래 거리를 관측하는 등

---

1) 중국의 수리천문학 서적이며, 산경십서(算經十書)의 하나로 중국의 고전 수학서 중에서 가장 오래된 것이다.

2) 이렇게 곱자를 소삭하는 상황을 서문 뒤의 역사 구에 그림으로 나타냈다.

3) 고대 중국의 전설상의 오제의 한 사람으로, 성은 우(虞)이고 이름은 중화(重華)이다. 그의 치세는 선제 요(堯)와 함께 천하가 가장 잘 다스려진 태평 시대라고 한다.

4) 고대 중국의 전설상의 왕으로, [아버지 곤(鯀)의 뒤를 이어] 치수에 성공하여 순(舜)으로부터 왕위를 물려받아 하 왕조를 세웠다고 한다.

5) 대진(戴震, 1727~1777)을 말함. 이 책에 있는 '해동산경 정와'와 '발문'을 보라.

6) 『구고할원기』(句股割圓記, 1755년 간행)를 뜻함. 대진은 서양 수학의 삼각법을 '구고할원'이라 불렀다.

7) '해도산경 발문'을 보라.

의 여덟 가지 기술이 있게 되니, 『해도산경』은 스스로 하나의 책이 되었기 때문이다. 중차의 대목은 아직 상세하고 익숙하지 않다. 이것은 대개 구고편 끝에 있는 모든 방법이 진실로 구장 중차이고, 그래서 유휘는 그 방법에 근거해서 확대·발전시켜서 드디어 『해도산경』을 만들지 않았는가. 그러나 그 방법을 고찰하면 거리를 관측하는 등의 방법은 또한 다만 구고이지 중차는 아니다.[8] 옛 그림은 아직 대동원[9]의 보충 그림과 이순풍의 주석이 부족해서 그 원리를 밝히지 못한다. 말의 상세함이 깨우침의 자료가 되기에는 아직 부족하다.

육일재 남 학사[10]는 살핌이 절도 있고 바다를 번성하게 하며 정사를 맑게 하고 백성을 순화했다. 공은 많은 여가를 내서 두 편의 도해[11]를 취하여 그것을 해석했는데, 있는 것을 다듬고 심오한 것은 남겨 두었다. 또 진구소의 『수서구장』 〈측망류〉에는 바르지 못하게 서술된 문제를 찾아볼 수 있고, 설정한 방법이 이미 오류가 많으며 또한 간편함을 버리고 번거로운 방식을 취한 것도 있다. 그래서 마침내 조목을 살피고 하나씩 예와 도해를 바로잡아 그것을 책의 끝에 붙이고, 『측량도해』라고 이름을 붙였다. 계승함을 잊지 않고 흠모하고 오직 순서를 부지런히 받들었으니, 이에 분수에 넘치는 것은 하지 않고 외람되게 본말을 뒤섞지 않는다. 이와 같이 하면 옛 산법의 뛰어난 학문이 오래갈 것이다.

간혹 한 두 명의 작자가 있으나, 대부분 기틀을 숨기고 근본을 감춘다는 꾸짖음을 면치 못했다. 그러나 공은 학식이 넓고 품위 있으며 두로 통달했고 미묘한 것을 탐구하며 심오한 것을 끌어올림은 일반적인 군자가 할 수 있는 바가 아니다. 가까운 것을 헤아리어 서술하되 새로 만들지 않음은 또한 군자의 마음 씀씀이다.

---

8) "구고"와 "중차"라는 명칭에 대해 황윤석(黃胤錫, 1729~1791)의 『산학입문』(算學入門) <구장명수>(九章名數)에 다음과 같은 설명이 있다.

> 지금 있는 주에 의거하면, 중차와 구고 및 방요는 서로 같고 이것은 하나의 구고법이다. 단 구고는 평면에서 측정한 것이고, 방요는 입체에서 측정한 것이며, 중차는 평면과 입체에서 통용되는 방법이다. 평면과 입체는 비록 다르나 그것이 구고가 되는 것은 같다.
>
> 今据此注 則重差句股與旁要同 是一句股法 但句股則平測 旁要則立測 而重差則平立之通用也 平立雖異 而其爲句股

9) 대진을 말한다. 동원은 대진의 자(字)이다.

10) 남상길을 가리킨다. '육일재'는 남상길의 하나의 호이다.

11) 『유씨구고술요도해』와 이 책 『측량도해』를 가리킨다.

이 책을 읽는 사람이 비록 학문에 미숙해서 보이는 것이 적을 지라도 모두 옛 사람들의 방법을 세운 뜻을 엿볼 수 있다면, 그 아름다운 은혜와 계발의 공적이 어찌 적다고 하겠는가? 원래의 책과 견줄 만할 뿐만 아니라, 쪽에서 푸른 빛이 나오는 격이다. 올해 무오년[12] 여름날 ○○○○○ 삼가 서문을 씀

周髀算經曰 偃矩以望高 覆矩以測深 臥矩以知遠 又曰 矩之於數 其裁制萬物 惟所爲耳 矩卽句股測量之器也 或表或尺理實同焉 大舜之齊政 神禹之治水 莫不賴是而奏功

後世鮮能知其用者 遺法散佚傳者無幾 而自西法之入中國 學者震於割圓角度之新聞 輒詑測筭之術 今而後始大備殊不知古人之法原無不通若 戴氏割圓記雖欲鎔而合之所論者 仍不離於新術而但立言稱名用古義耳 古者用矩之術可以尋墜緖於萬一者 惟九章重差一書 而筭經十書以海島筭經爲九章重差

孔繼涵以爲九章句股篇末有望遠度高測深七術 或析之曰九章重差 今句股篇末原有望遠等八術 而海島筭經自爲一卷 則重差之目未詳孰是 盖句股篇末諸術固九章重差 而劉徽因其術引伸觸長遂造海島筭經也歟 然攷其術則望遠諸術亦只是句股非重差也 舊圖已缺戴東原之補圖李淳風之注釋 尚不能闡其理而語之詳未足爲發蒙之資矣

六一齋南學士按節海藩政清民淳 公餘多暇遂取二篇圖而解之靡有餘蘊 且秦九韶數書九章測望類設問頗有可觀 而立術旣多舛訛亦有 舍簡就繁者 故逐條審正一例圖解附之卷末名曰測量圖解 以不佞之承誨有日嚮慕惟勤命爲之序乃不揆僭越猥撥本末 如右古筭之絶學久矣

間或有一二作者多不免秘機藏根之誚 而公之淹雅旁通探微鉤深已非尋常藝士之可 以比擬述而不作公諸後學又君子之用心也

讀此書者雖末學謏見 皆可以窺古人立法之意 則其嘉惠啓發之功豈淺尠 而較諸原書不啻青之於藍也 爾歲 戊午 夏日 ○○○○○ 謹序

12) 1858년

☞ **역자 주**: 서문의 첫 부분에서 곱자를 조작하는 상황을 그림으로 나타내면 다음과 같다.

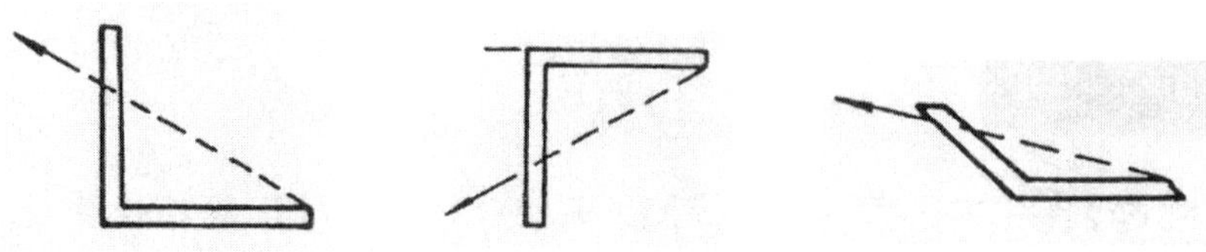

(1) 높이 측정 (2) 깊이 측정 (3) 거리 측정

구장 중차(九章重差)

위 유휘 주(魏 劉徽 注)

패동 남원상 도해(浿東 南元裳 圖解)

여기서는 『구장산술』 제9권 <구고> 중에서 측량에 관한 제17문부터 제24문까지를 그 순서대로 다루고 있다. 이에 따라 문항 번호는 [구장 9-17]~[구장 9-24]로 표기한다. **해법** 중에 「주 : …」 안의 설명은 유휘의 주석이다. 그리고 **그림 해설**은 그림을 이용한 남원상의 설명이다.

【구장 9-17】 지금 정사각형의 〔성벽으로 둘러싸인〕 마을이 있는데, 각 변은 200보이다. 각 변의 가운데에 문이 나 있고, 동문을 나와서 15보 되는 곳에 나무가 있다. 남문을 나와서 몇 보를 가면 그 나무가 보이는가?

今有邑 方二百步 各中開門 出東門十五步有木 問出南門幾何步而見木

답 $666\frac{2}{3}$보

答曰 六百六十六步太半步

해법 동문에서 나온 보수를 법이라고 하자. 「주: 구율을 법이라고 하자.」 마을 〔성벽〕 한 변의 반을 제곱하여 실이라고 하자. 실을 법으로 나눈다. 「주: 이는 동문에서 나와 걷는 15보를 구율이라 하고, 동문에서 남쪽 모퉁이까지의 100보는 고율이라 하며, 남문에서 동쪽으로 모퉁이까지의 100보를 주어진 구의 보수라고 하자. 이 주어진 구로 고를 구하려고 한다. 이 고가 남문에서 나와야 하는 보수이다. 변의 반을 제곱한 것은 고율과 주어진 구를 곱한 것에 해당한다. 둘은 서로 같은 수이다.」

術曰 出東門步數爲法「以句率爲法也」半邑方自乘爲實 實如法得一步「此以出東門十五步爲句率 東門南至隅一百步爲股率 南門東至隅一百步爲見句步 欲以見句求股 以爲出南門數 正合半邑方自乘者 股率當乘

見句 此二者數同也」

☞ **역자 주:** 『구장산술』 제2권 <속미>에서는 곡식의 교환 비율을 제시한 다음에 교환 방법인 "금유술"(今有術)을 다음과 같이 설명하고 있다.

> **소유수**[주어진 수, 주어진 곡물의 양]를 **소구율**[구하는 비율, 구하는 대상 곡물의 교환 비율]에 **곱하여 실이라 하고 소유율**[주어진 비율, 주어진 곡물의 교환 비율]을 **법으로 하여, 실을 법으로 나눈다.**
> 以所有數乘所求率爲實 以所有率法 實如法而一

즉, 소구수[所求數, 구하는 수, 구하는 곡물의 양]를 다음과 같이 계산한다.

$$소구수 = \frac{소구율 \times 소유수}{소유율}$$

이는 다음과 같이 비례식을 세워 소구수를 계산하는 방법(비례법, 삼수법, rule of three)과 일치한다.

소유율 : 소유수 = 소구율 : 소구수　또는　소유율 : 소구율 = 소유수 : 소구수

여기서 네 항을 차례로 1률, 2율, 3률, 4율이라 하고 이를 통틀어 비례 사율이라고 한다. 특히, 2율과 3률이 서로 같을 때, 이를 연비례 삼률이라 하고, 1률을 수율, 2율과 3률을 중률, 4율을 말률이라고 한다.

이 문제의 해법에서는 다음과 같이 동쪽 방향의 작은 직각 삼각형에서 구와 고의 길이를 각각 구율(소유율)과 고율(소구율)로 그리고 남쪽 방향의 직각 삼각형에서 구의 길이를 주어진 구(소유수)로 택하고 이에 대응하는 고의 길이(소구수)를 구하고 있다.

(구율) : (고율) = (주어진 구) : (구하는 고)
15 : 100 = 100 : x,

$$x = \frac{100 \times 100}{15} = 666\frac{2}{15}\ (보)$$

그림 해설 乙丁을 마을의 한 변이라고 하자. 乙丙은 마을 한 변의 절반으로 己乙과 서로 같다. 己를 동문이라 하고, 甲己를 동문에서 나온 보수라고 하자. 丙을 남문이라 하고, 午丙은 남문에서 나온 보수라고 하자. 午로부터 마을 변의 모퉁

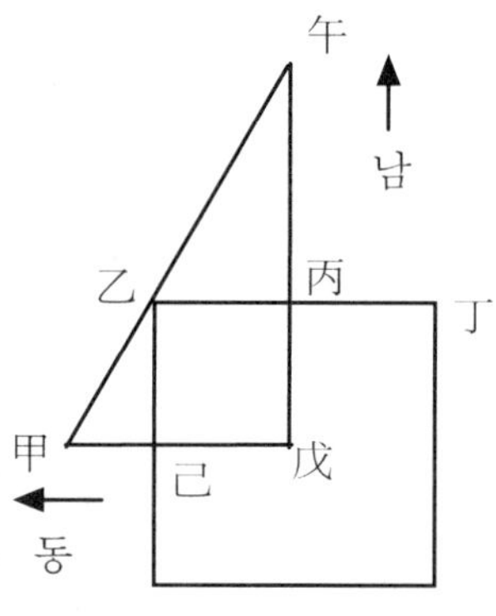

이 乙을 통과해서 가지런히 甲의 나무가 보인다고 하자. 두 직각 삼각형 乙己甲과 午丙乙은 서로 닮은 도형이다. 그러므로 동문에서 나온 보수 甲己와 마을 한 변의 반 乙己의 비는 마을 한 변의 반 乙丙과 남문에서 나온 보수 丙午의 비는 서로 같아서, 마땅히 비례 사율을 이룬다. 또 乙己와 乙丙은 똑같이 마을 한 변의 반이다. 그러므로 또다시 연비례 삼률이 된다. 항상 수율과 말률을 서로 곱한 적은 원래 중률을 제곱한 적과 서로 같다. 甲己는 수율이 되고 乙己 또는 乙丙은 모두 중률이 되며 午丙은 말률이 된다. 이에 정사각형 乙丙戊己의 넓이인 중률을 제곱한 적을 수율 甲己로 나누면 말률 午丙을 얻는다. 이 직각 삼각형에 정사각형이 내접한다.

圖解曰 乙丁爲邑方 乙丙爲半邑方 與己乙等 己爲東門 甲己爲出東門步數 丙爲南門 午丙爲出南門步數 自午切邑方隅乙參直見甲木 而乙己甲午丙乙爲同式句股形 故甲己出東門步數 與乙己半邑方 若乙丙半邑方 與午丙出南門步數 爲相當比例四率 且乙己乙丙同爲半邑方 故又爲相連比例三率 盖[1]首末率相乘積原 與中率自乘積相等也 甲己爲首率 乙己或乙丙皆爲中率 午丙爲末率 是以乙丙戊己中率自乘積 以甲己首率除之 得午丙末率也 此句股容正方也

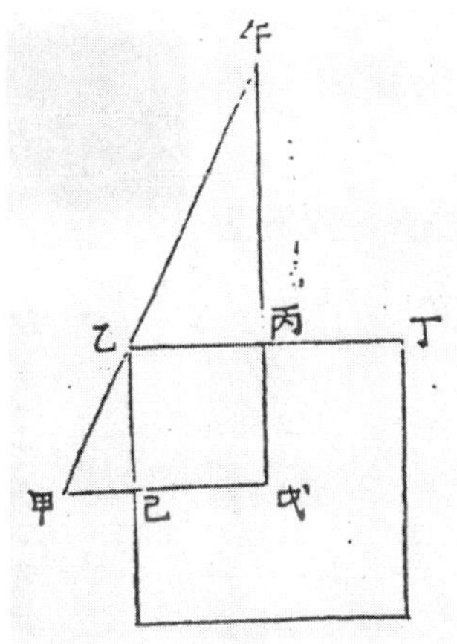

☞ **약해**: 그림 해설의 내용을 기호를 이용해서 요약하면 다음과 같다.

△乙己甲∽△午丙乙이므로 다음 비례식이 성립한다.

甲己 : 乙己 = 乙丙 : 午丙

그런데 乙己 = 乙丙이고, 甲己 = 15, 乙己 = 乙丙 = 100이므로 다음을 얻는다.

甲己 : 乙己 = 乙己 : 午丙, $15 : 100 = 100 :$ 午丙,

午丙 $= \dfrac{100^2}{15} = 666\dfrac{2}{3}$ (보)

1) '蓋'의 속자(俗字)

☞ **역자 주**: 도해의 그림에 나오는 한자는 음을 달지 않았다. 많이 나오는 한자는 천간(天干)의 갑을병정무기경신임계(甲乙丙丁戊己庚辛壬癸), 지지(地支)의 자축인묘진사오미신유술해(子丑寅卯辰巳午未申酉戌亥), 팔괘(八卦)의 건태이진손감간곤(乾兌離震巽坎艮坤), 기타로 천지일월동서남북산천조석주청금천범심(天地日月東西南北山川朝夕朱青金泉泛心) 등이다.

【구장 9-18】 지금 〔직사각형의 성벽으로 둘러싸인〕 마을이 있는데, 동서로 7리이고 남북으로는 9리이다. 각 변의 가운데에 문이 나 있고, 동문을 나와서 15리 되는 곳에 나무가 있다. 남문을 나와서 몇 보를 가면 그 나무가 보이는가?
今有邑 東西七里 南北九里 各中開門 出東門十五里有木 問出南門幾何步而見木

답 315보
答曰 三百一十五步

해법 동문에서 남쪽 모퉁이까지의 보수를 남문에서 동쪽 모퉁이까지의 보수에 곱하여 실이라고 하다. 나무에서 〔동〕문까지의 보수를 법이라고 하여, 실을 법으로 나눈다. 「주: 이는 동문에서 남쪽 모퉁이까지의 4리 반을 구율이라 하고, 동문에서 나온 15리를 고율이라 하며, 남문에서 동쪽 모퉁이까지의 3리 반을 주어진 고라고 하자. 찾고 있는 남문에서 나와야 하는 거리는 곧 주어진 고에 대응하는 구이다. 해법은 앞 문제와 서로 같다.」

術曰 東門南至隅步數 以乘南門東至隅步數爲實 以木去門步數爲法 實如法而一 「此以東門南至隅四里半爲句率 出東門十五里爲股率 南門東至隅三里半爲見股所 問出南門卽見股之句 爲術之意與上同也」

☞ **역자 주**: 해법에서는 다음과 같이 동쪽 방향의 직각 삼각형에서 고와 구의 길이를 각각 고율(소유율)과 구율(소구율)로 그리고 남쪽 방향의 직각 삼각형에서 고의 길이를 주어진 고(소유수)로 택하고 이에 대응하는 구의 길이를 소구수로 하여 문제를 풀고 있다.

(고율) : (구율) = (주어진 고) : (구하는 구)

$$15 : 4.5 = 3.5 : x,$$

$$x = \frac{3.5 \times 4.5}{15} = 1.05(\text{리}) = 1.05 \times 300 = 315(\text{보})$$

그림 해설 乙丁을 마을의 동서 변이라 하고, 乙庚을 남북 변이라고 하자. 丙을 남문이라 하고, 乙丙을 동서 변의 반이라 하며, 午丙은 남문에서 나온 보수라고 하자. 己을 동문이고, 乙己는 남북 변의 반이며, 甲己는 동문에서 나온 보수라고 하자. 午로부터 마을 변의 모퉁이 乙을 통과해서 가지런히 甲의 나무가 보인다. 두 직각 삼각형 乙己甲과 午丙乙은 서로 닮은 도형이다. 그러므로 동문에서 나온 보수 甲己와 남북 변의 반 乙己의 비는 동서 변의 반 乙丙과 남문에서 나온 보수 午丙의 비는 서로 같다. 항상 甲己의 1률과 丙午의 4율을 서로 곱한 수는 반드시 乙己의 2율과 乙丙의 3률을 서로 곱한 수와 서로 같다. 그러므로 직사각형 乙己戊丙의 넓이는 곧 甲己와 丙午을 서로 곱한 수이다. 이 직각 삼각형에 직사각형이 내접한다.

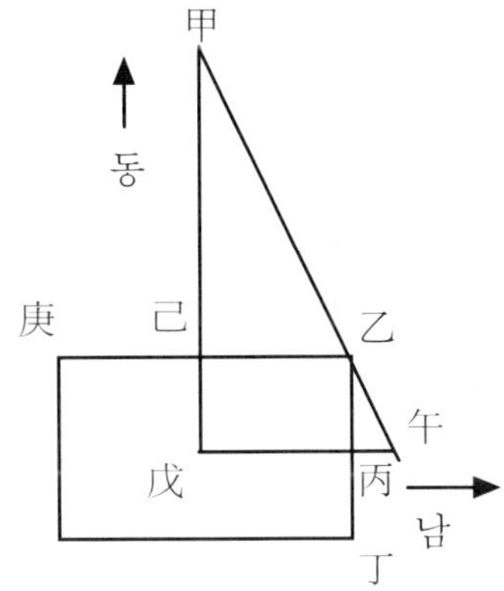

圖解曰 乙丁爲邑東西 乙庚爲南北 丙爲南門 乙丙爲東西之半 午丙爲出南門步數 己爲東門 乙己爲南北之半 甲己爲出東門步數 自午切邑方隅乙參直見甲木 而乙己甲午丙乙爲同式句股形 故甲己出東門步數 與乙己南北之半 若乙丙東西之半 與午丙出南門步數 蓋甲己一率 與午丙四率相乘數 必與乙己二率 與乙丙三率相乘數等 故乙己戊丙長方形之積 卽爲甲己與丙午相乘之數也 此句股容長方也

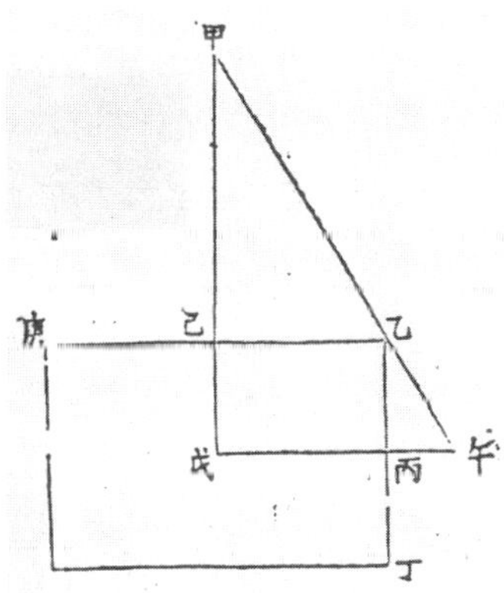

☞ **약해**: 그림 해설의 내용을 기호를 이용해서 요약하면 다음과 같다.

△甲己乙∽△乙丙午이므로 다음 비례식이 성립한다.

甲己 : 己乙 = 乙丙 : 丙午,

15 : 4.5 = 3.5 : 丙午,

$$丙午 = \frac{3.5 \times 4.5}{15} = 1.05(\text{리})$$

$$= 1.05 \times 300 = 315(\text{보})$$

【구장 9-19】 지금 정사각형의 〔성벽으로 둘러싸인〕 마을이 있는데, 그 크기는 알지 못한다. 각 변의 가운데에 문이 나 있고, 북문을 나와서 30보 되는 곳에 나무가 있다. 서문을 나와서 750보 되는 곳에서 그 나무가 보인다. 마을의 한 변은 얼마인가?
今有邑 方不知大小 各中開門 出北門三十步有木 出西門七百五十步見木 問邑方幾何

답 1리
答曰 一里

해법 두 문에서 나온 보수를 서로 곱하고 이를 4배로 하여 실이라고 하자. 이의 제곱근을 구하면 마을의 한 변을 얻는다. 「주: 앞〔구장 9-17〕에서 이용한 해법을 살펴보면, 마을 한 변의 반을 제곱하고 동문에서 나온 보수로 이를 나누면 곧 남문에서 나온 보수이다. 이제 두 문에서 나온 보수를 서로 곱한 적은 마을 한 변의 반의 제곱, 즉 마을 전체 넓이의 4분의 1이다. 그러므로 4를 곱하면 곧 마을 전체의 넓이이다. 그러므로 이를 실로 하여 제곱근을 구하면 곧 마을의 한 변이다.」

術曰 令兩出門步數 相乘 因而四之 爲實 開方除之 卽得邑方「按前術 半邑方自乘 出東門步數除之 卽出南門步數 今兩出門相乘爲半方邑自乘 居一隅之積分 因而四之 卽得四隅之積分 故以爲實 開方除之 卽邑方也」

☞ **역자 주**: 이 문제는 [구장 9-17]과 상황이 서로 같다. 다만, 주어진 조건과 구하는 값이 다를 뿐이다. [구장 9-17]에서 다음 관계를 얻었다.

$$\frac{(\text{마을 한 변의 반})^2}{(\text{동문에서 나온 보수})} = (\text{남문에서 나온 보수})$$

동문을 북문으로, 남문을 서문으로 바꾸면 이 문제의 상황과 같게 된다. 그러므로 다음이 성립한다.

$(\text{마을 한 변의 반})^2 = (\text{북문에서 나온 보수}) \times (\text{서문에서 나온 보수})$,

$(\text{마을 한 변})^2 = 4 \times (\text{북문에서 나온 보수}) \times (\text{서분에서 나온 보수})$

$= 4 \times 30 \times 750 = 4 \times 30 \times 30 \times 25 = 300^2$,

$(\text{마을 한 변}) = 300(\text{보})$

그림 해설 이 해법은 제1문[구장 9-17]의 해법과 원리가 서로 같다. 丁乙은 마을의 한 변이고 丙은 서문이며 午丙은 서문에서 나온 보수라고 하자. 丙乙은 마을 한 변의 반이다. 己는 북문이고 甲己는 북문에서 나온 보수라고 하자. 午로부터 마을 변의 모퉁이 乙을 통과해서 가지런히 甲의 나무가 보인다. 두 직각 삼각형 乙己甲과 午丙乙은 서로 닮은 도형이다. 수율인 甲己의 북문에서 나온 보수와 말률인 午丙의 서문에서 나온 보수를 서로 곱하고 제곱근을 구하면, 丙乙 또는 乙己를 얻는데 모두 중률이다. 곧 마을 한 변의 반이다. 그러므로 수율과 말율을 서로 곱한 수를 4배 하여 제곱근을 구하면 丁乙의 마을 한 변을 얻는다. 무릇 변의 반을 제곱한 수는 원래 변 전체를 제곱한 수의 4분의 1이다. 이 직각 삼각형에 정사각형이 내접한다.

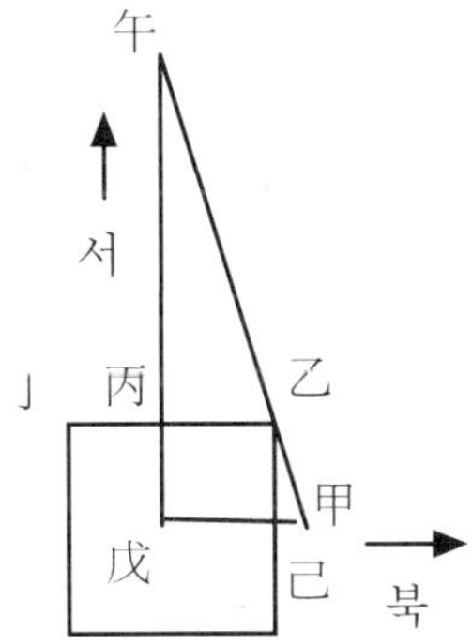

圖解曰 此法與第一法之理同 丁乙爲邑方 丙爲西門 午丙爲出西門步數 丙乙爲半邑方 己爲北門 甲己爲出北門步數 自午切邑方隅乙參直見甲木 而乙己甲午丙乙爲同式句股形 以甲己首率出北門步數 與午丙末率出西門步數 相乘 開方 而得丙乙或乙己 皆爲中率 卽邑方之半 故首末率相乘數 四因之 開方 得丁乙邑方也 凡半邊自乘數 原是全邊自乘數之四分之一也 此句股容正方也

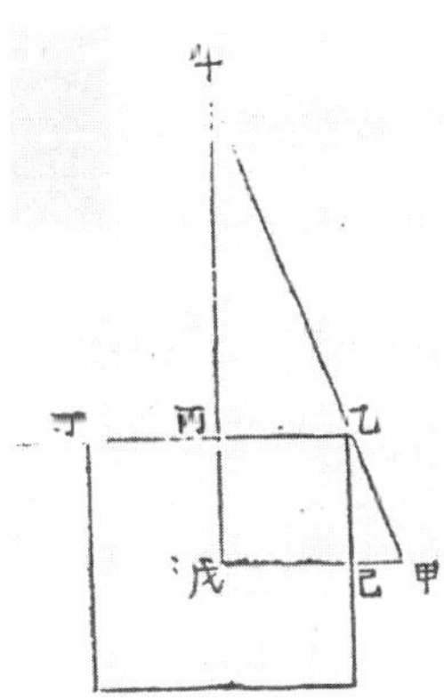

☞ **약해**: 그림 해설의 내용을 기호를 이용해서 요약하면 다음과 같다.

△乙己甲∽△午丙乙이므로 다음이 성립한다.

甲己 : 乙己＝丙乙 : 午丙

여기서 丙乙＝乙己이므로 다음을 얻는다.

$$丙乙^2=乙己^2=甲己\times午丙=30\times750=150^2,$$
$$丙乙=乙己=150(보),$$
$$丁乙^2=4\times30\times750=300^2,$$
$$丁乙=300(보)$$

【구장 9-20】 지금 정사각형의 〔성벽으로 둘러싸인〕 마을이 있는데, 그 크기는 알지 못한다. 각 변의 가운데에 문이 나 있고, 북문을 나와서 20보 되는 곳에 나무가 있다. 남문에서 14보 나와서 방향을 바꿔 서쪽으로 1,775보 가면 그 나무가 보인다. 마을의 한 변은 얼마인가?
今有邑 方不知大小 各中開門 出北門二十步有木 出南門十四步 折而西行一千七百七十五步見木 問邑方幾何

답 250보
答曰 二百五十步

해법 북문에서 나온 보수에 서쪽으로 걸은 보수를 곱하고, 이를 2배로 하여 실이라고 하자. 「주: 여기서 방향을 바꾸어 서쪽으로 걸은 보수를 고라고 하자. 나무로부터 마을의 남문에서 14보 되는 곳까지를 구라고 하자. 북문에서 나온 20보는 구율이라 하고, 북문에서 서쪽 모퉁이까지를 고율이라고 하자. 즉 〔너비가 마을의 동서 변이고 길이가 나무로부터 마을의 남문에서 14보 되는 곳까지의 구인 직사각형의〕 너비의 반이 고율이 된다. 그러므로 북문에서 나온 구율을 서행의 고에 곱하면, 너비의 반인 고율을 〔위에서 말한 직사각형의 길이인〕 구에 곱한 수를 얻는다. 그러나 이 곱은 마을 서쪽 반의 넓이이다. 그러므로 또 이를 2배로 하여 동쪽 반을 더한다.」 〔북문에서 나온 보수에〕 남문에서 나온 보수를 더하여 종법〔일차항〕이라고 하여 평방〔이차 방정식〕을 풀면 곧 마을의 한 변을 얻는다. 「주: 이 해법에서 직사각형 동서 변의 너비는 마을의 한 변과 같고, 나무로부터 마을의 남문에서 14보 되는 곳까지는 길이이며, 남문과 북문에서 나온 보수의 합은 길이와 너비의 차이다. 그러므로 두 보수의 합이 종법이 된다. 이것은 정사각형 마을 밖의 넓이이다.」

術曰 以出北門步數 乘西行步數 倍之 爲實「此以折而西行爲股 自木至邑南十四步爲句 以出北門二十步爲句率 北門至西隅爲股率卽半廣數 故以出北門句率乘西行股 得半廣股率乘句之冪 然此冪居半 以西 故又倍之 合半以東也」幷出南門步數 爲從法 開方除之 卽邑方「此術之冪東西廣如邑方 自木盡邑南十四步爲袤 合南北步數 爲廣袤差 故連幷兩步數 爲從法 以爲隅外之冪也」

☞ **역자** 주: 해법에서는 닮은 두 직삭 삼각형 사이의 다음과 같은 관계를 이용하고 있다.

(구율) : (고율) = (구) : (고)

여기서 구율은 북문에서 나무까지의 거리, 고율을 북문에서 서쪽 모퉁이까지의 거리, 구는 나무로부터 마을의 남문에서 14보 되는 곳까지를 거리, 고는 서쪽으로 걸은 보수이다. 그러면 마을 한 변에 관한 다음의 이차 방정식을 얻는다.

2×(구율)×(고) = 2×(고율)×(구)
= (마을 한 변)×(구) = (구)×(마을 한 변)
= {(구) − (마을 한 변)}×(마을 한 변) + (마을 한 변)^2
= (남·북문에서 나온 보수의 합)×(마을 한 변) + (마을 한 변)^2,

$$2\times 20\times 1775=(20+14)x+x^2,$$
$$x^2+34x=71000$$

이 문제는 고대 중국에서 기하학적 방법으로 이차 방정식을 설정하는 첫 단계를 보여준다.

그림 해설 己는 북문이고, 甲己는 북문에서 나온 보수라고 하자. 丙은 남문이고 午丙은 남문에서 나온 보수라고 하자. 午庚은 서쪽으로 걸은 보수이고, 乙丁은 마을의 한 변이라고 하자. 庚으로부터 마을 변의 모퉁이 乙을 통과해서 甲의 나무가 보인다. 두 직각 삼각형 甲己乙과 甲午庚은 서로 닮은 도형이다. 乙己와 甲己의 비는 午庚

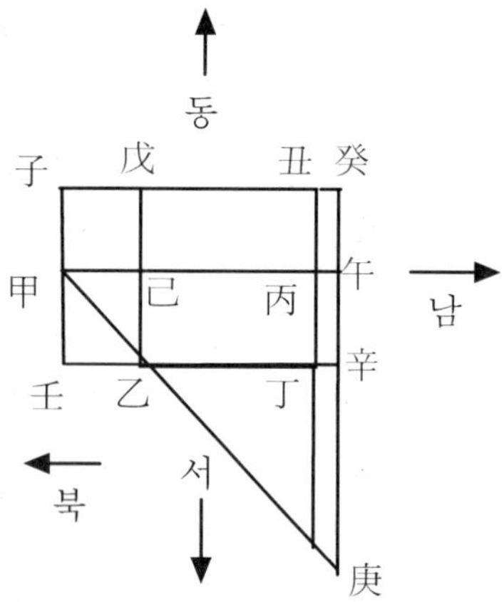

과 甲午의 비와 서로 같다. 그러므로 甲己의 2율을 午庚의 3률에 곱하면, 乙己의 1률과 甲午의 4율의 곱, 즉 직사각형 午辛壬甲의 넓이를 얻는다. 이를 2배로 하면 직사각형 癸辛壬子의 넓이를 얻는다. 이것은 마을 한 변을 제곱한 丑丁乙戊의 넓이와 마을 한 변에 남문에서 나온 보수를 곱한 癸辛丁丑의 넓이 및 마을 한 변에 북문에서 나온 보수를 곱한 戊乙壬子의 넓이의 합이다. 그것[직사각형 癸辛壬子]의 길이와 너비의 차는 곧 癸丑과 戊子의 두 문에서 나온 보수를 서로 더한 합이다. 그러므로 이를 종이라고 하여 대종 평방법으로 이를 풀면 癸辛 또는 壬子를 얻는다. 이는 乙丁과 서로 같은데, 이는 곧 마을의 한 변이다.

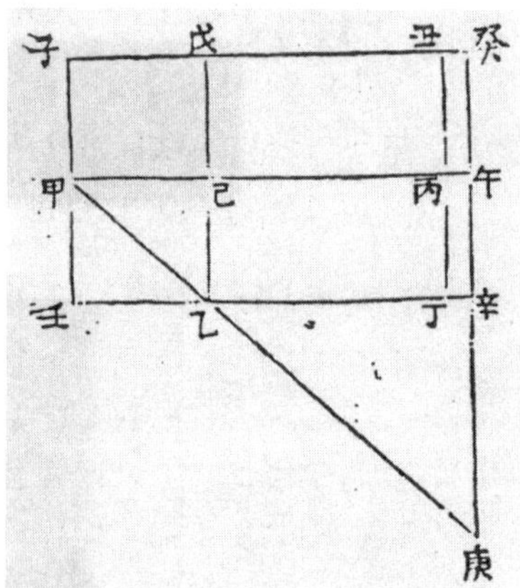

圖解曰 己爲北門 甲己爲出北門步數 丙爲南門 午丙爲出南門步數 午庚爲西行步數 乙丁爲邑方 自庚切邑方隅乙見甲木 而甲己乙甲午庚爲同式句股形也 乙己與甲己 若午庚與甲午 故以甲己二率 乘午庚三率 得乙己一率 乘甲午四率之午辛壬甲長方形 倍之 得癸辛壬子長方積 内丑丁乙戊爲邑方自乘積 癸辛丁丑爲出南門步數乘邑方之積 戊乙壬子爲出北門步數乘邑方之積也 其長廣之差卽癸丑戊子兩出門步相倂數 故以爲從 用帶縱平方法 開之 得癸辛或壬子 與乙丁等 卽邑方也

☞ **약해**: 그림 해설의 내용을 기호를 이용해서 요약하면 다음과 같다.

△甲己乙∽△甲午庚이므로 다음이 성립한다.

己乙 : 甲己＝午庚 : 甲午,
甲己×午庚＝己乙×甲午＝□午辛壬甲,

$2\times$甲己$\times$午庚$=2\times$□午辛壬甲$=$□癸辛壬子

$=$□丑丁乙戊$+$□癸辛丁丑$+$□戊乙壬子

$=$(마을 한 변)$^2+$(마을 한 변)$\times$(남문에서 나온 보수 癸丑)

$+$(마을 한 변)$\times$(북문에서 나온 보수 戊子)

$=$(마을 한 변)$^2+$(마을 한 변)$\times$(癸丑$+$戊子),

$71000=x^2+34x$

【구고 9-21】 지금 정사각형의 〔성벽으로 둘러싸인〕 마을이 있는데, 각 변은 10리이고 각 변의 가운데에 문이 나 있다. 갑과 을이 함께 마을의 중앙으로부터 나가는데, 을은 동문으로 나가고 갑은 남문으로 나간다. 〔갑은 남쪽으로〕 얼마를 걷다가 북동쪽으로 방향을 바꾸어 걸어서 마을 모퉁이를 스쳐 지나고 을과 만난다. 속도는 갑이 5의 비율로 걷는다면, 을은 3의 비율로 걷는다. 갑과 을은 각각 얼마씩 걸었는가?
今有邑 方十里 各中開門 甲乙俱從邑中央而出 乙東出 甲南出 出門不知步數 邪向東門 磨邑 適與乙會 率甲行五 乙行三 問甲乙行各幾何

답 갑은 남문으로 나와 800보 걷고, 북동쪽으로 4887.5보 걸어서 을을 만난다.
을은 동쪽으로 4312.5보 걷는다.
答曰 甲出南門八百步 邪東北行四千八百八十七步半 及乙
乙東行四千三百一十二步半

해법 5를 제곱하고 3도 또한 제곱하여 더하고 이를 반으로 하여, 사행〔비스듬히 간 거리〕의 율이라고 하자. 사행의 율을 5의 제곱에서 뺀 나머지를 남행의 율이라고 하자. 3을 5에 곱하여 을의 동행의 율이라고 하자. 「주: 세 율을 구하는 의미는 앞에서 갑과 을이 간 거리를 구할 때와 같다.」 마을의 한 변을 놓고 이를 반으로 하고 이에 남행의 율을 곱하고 동행의 율로 나누면 곧 남문에서 나온 보수를 얻는다. 「주: 마을 한 변의 반은 남문에서 동쪽 모서리까지의 5리인데, 이를 소고라고 하자. 남문에서 나온 보수는 소고에 대응하는 구를 구하는 것이다. 동행은 고율이 되고 남행은 구율이 된다. 그러므로 마을 한 변을 놓고 이를 반으로 하며 이에 남행의 구율을 곱하고 고율로 나눈다.」 마을 한 변의 반을 더하면 곧 남행이다. 「주: 마을 한 변의 반은 마을의 중심에서 출발함을 뜻한다.」 남행한 보수를 놓고 현을 구하기 위해서는 먼저 이에 사행의 율을 곱한다. 동행한 보수를 구하기 위해서는 먼저 이에 동행의 율을 곱한다. 각각을 스스로 실이라 하고, 실을 남행의 율로 나눈다. 「주: 이 해법은 앞에서 갑과 을이 간 거리를 구할 때와 같다.」

術曰 令五自乘 三亦自乘 并而半之 爲邪行率 邪行率減於五自乘者 餘爲南行率 以三乘五爲乙東行率 「求三率之意與上甲乙同」 置邑方 半之 以南行率乘之 如東行率而一 卽得出南門步數 「邑半方 自南門至東隅五里 以爲小股 求出南門步數 爲小股之句 以東行爲股率 南行爲句率 故置邑方 半之 以南行句率乘之 如股率而一」 以增邑方半 卽南行 「半邑者 謂從邑心中停也」 置南行步 求弦者 以邪行率乘之 求東者 以東行率乘之 各自爲實 實如 南行率 得一步 「此術與上甲乙同」

☞ **역자 주**: 해법의 주석에서 "앞에서 갑과 을이 간 거리를 구할 때"는 『구장산술』 제9권 <구고>의 제14문을 의미한다. 그 문제의 해법에서는 직각 삼각형에서 고(b)와 구현화($a+c$)가 주어졌을 때 다음과 같이 (『주비산경』에서 설명한) 현(c)을 구하는 과정과 구(a)를 구하는 과정을 이용하고 있다.

$$\frac{(a+c)^2+b^2}{2(a+c)}=c, \quad \frac{(a+c)^2-c(a+c)}{a+c}=a$$

뒤에 있는 남상길의 원래의 해법에 따라 위의 해법을 설명하면 다음과 같다.

문제의 조건에서 $(a+c):b=5:3$이므로, $a+c=5$, $b=3$으로 놓고 다음과 같이 세 가지 율을 정한다.

사행의 율(현율): $c(a+c)=\frac{(a+c)^2+b^2}{2}=\frac{5^2+3^2}{2}=17$,

남행의 율(구율): $a(a+c)=(a+c)^2-c(a+c)=5^2-17=8$,

동행의 율(고율): $b(a+c)=3\cdot 5=15$,

그리고 마을 한 변의 반, 즉 남문에서 동쪽 모서리까지의 5리(=1500보)를 소고(주어진 수)라고 하여, 다음과 같이 남문에서 나온 보수를 구한다.

(고율):(구율)=(소고):(남문에서 나온 보수),

15:8=1500:(남문에서 나온 보수),

(남문에서 나온 보수)=1500×8÷15=800)보)

그러므로 남행, 사행, 동행한 보수는 다음과 같다.

(남행)=(남문에서 나온 보수)+(마을 한 변의 반)=1500+800=2300(보),

(구율):(현율)=(남행):(사행),
(사행)=(남행)×(현율)÷(구율)=2300×17÷8=4887.5(보),

(구율):(고율)=(남행):(동행),
(동행)=(남행)×(고율)÷(구율)=2300×15÷8=4312.5(보),

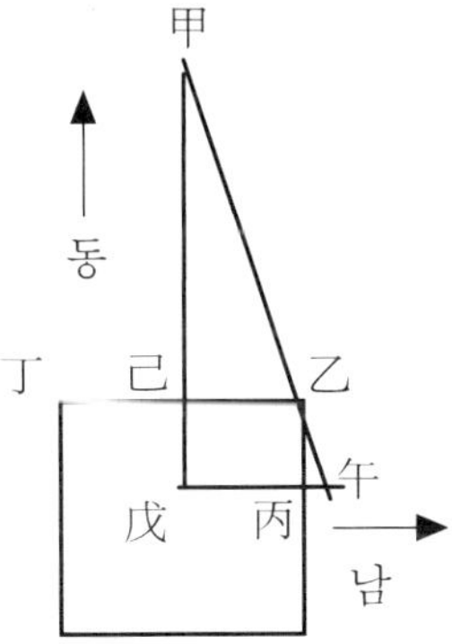

그림 해설 丁乙은 마을의 한 변이라 하고, 己乙은 마을 한 변의 반으로 乙丙과 같다고 하자. 戊는 마을의 중앙이고, 丙은 남문이며, 午丙은 남문에서 나온 보수라고 하자. 己는 동문이고, 甲戊는 동행한 보수, 즉 을(乙)이 걸은 거리라고 하자. 戊에서 출발해서 丙과 午를 거친 다음에 비스듬히 꺾어 마을 변의 모퉁이 乙을 지나서 甲까지가 갑(甲)이 걸은 거리인데, 甲午가 사행한[비스듬히 간] 보수이다. 두 직각 삼각형 午丙乙과 午戊甲은 서로 닮은 도형이다. 甲戊는 고가 되고 戊午는 구가 되며 甲午는 현이 된다. 戊午와 午甲의 합이 구현화이다. 이제 3과 5의 율이 각각 고율과 구현화율이 된다. 그러므로 고와 구현화를 써서 구·고·현을 구하는 방법이다. 고율을 제곱하고 이를 구현화율로 나누면 구현교율을 얻는다. 구현화율과 구현교율을 서로 빼고 절반으로 하면 구율이 되고, 서로 더하고 절반으로 나누면 현율이 된다. 고율과 마을 한 변의 반 乙丙의 비는 구율과 남문에서 나온 보수 午丙의 비와 같다. 남문 나온 보수 午丙은 마을 한 변의 반 丙戊에 더하면 午戊의 구「주: 즉 남행의 보수」가 된다. 이렇게 구를 얻는다. 그러면 구율과 고율의 비는 午戊의 구와 甲戊의 고「주: 즉 동행의 보수」의 비와 같다. 또 구율과 현율의 비는 午戊의 구와 甲午의 현「주: 즉 동남의 사행의 보수」의 비와 같다.

원래의 해법 5를 제곱하고 3도 역시 제곱하여 더하고 이를 반으로 하면 사행의 율이 된다. 항상 구현화의 제곱과 고의 제곱을 더하고 반으로 하면 곧 현을 구현화에 곱한 수가 된다. 그러므로 이를 현율로 삼는다. 5의 제곱에서 사행의 율을 뺀 나머지는 남행의 율이다. 항상 구현화의 제곱에서 현을 구현화에 곱한 수를 뺀 나머지는 곧 구를 구현화에 곱한 수이다. 그러므로 이를 구율로 삼는다. 현율과 구율에는 모두 구현화의 분모가 있다. 그러므로 고의 3에도 역시 이에 5를 곱하면 이에 고율이 된다. 곧 을이 동행한 율이다. 구·고·현의 3률에는 모두 구현화의 분모가 있다.

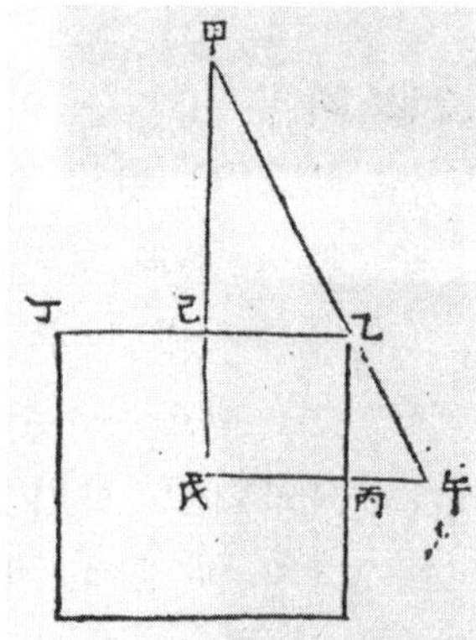

圖解曰 丁乙爲邑方 己乙爲半邑方 與乙丙等 戊爲邑中央 丙爲南門 午丙爲出南門步數 己爲東門 甲戊爲東行步數 卽乙行 自戊過丙及午斜切邑方隅乙至甲爲甲行 甲午爲邪行 午丙乙午戊甲爲同式句股形 而甲戊爲股 戊午爲句甲午爲弦 戊午午甲爲句弦和 今三與五爲股與句弦和之率 故用股與句弦和 求句股弦法以股率自乘 以句弦和率除之 得句弦較率 與和率相減切半爲句率 相加折半爲弦率 以股率與乙丙半邑方 若句率與午丙出南門步數 以午丙出南門步數 加於丙戊半邑方 得午戊爲句「卽南行」旣得句 則以句率與股率 若午戊句與甲戊股「卽東行」又以句率與弦率 若午戊句與甲午弦「卽東南邪行」也

原術 令五自乘 三亦自乘 幷而半之 爲邪行率者 盖句弦和冪 股冪 相併 折半 卽弦乘句弦和之數 故以此爲弦率也 邪行率減於五自乘 餘爲南行率者 盖句弦和冪 内減弦乘句弦和之數 所餘卽句乘句弦和之數 故以此爲句率也 弦率句率皆帶句弦和分母 故股三亦以五乘之 乃爲股率卽乙東行率 而句股弦三率皆帶句弦和分母也

☞ **약해**: 그림 해설의 내용을 기호를 이용해서 요약하면 다음과 같다.

△午丙乙∽△午戊甲이다. 戊午$=a$(구), 甲戊$=b$(고), 甲午$=c$(현)라고 하면, 주어진 조건에 의해 $b:(a+c)=3:5$이다. 그러므로 구율, 고율, 현율을 차례로 a', $b'=3$, c'이라고 하면, [구현화율은] $a'+c'=5$이고 다음과 같이 각 율을 얻는다.

[구현교율] $c'-a'=\dfrac{b'^2}{c'+a'}=\dfrac{3^2}{5}=\dfrac{9}{5}$,

[구율] $a' = \dfrac{(c'+a')-(c'-a')}{2} = \dfrac{5-\dfrac{9}{5}}{2} = \dfrac{8}{5}$,

[현율] $c' = \dfrac{(c'+a')+(c'-a')}{2} = \dfrac{5+\dfrac{9}{5}}{2} = \dfrac{17}{5}$

따라서 (고율) : (구율) = 乙丙 : 午丙이므로 다음을 얻는다.

午丙 = 乙丙 × (구율) ÷ (고율) = 1500 × $\dfrac{8}{5}$ ÷ 3 = 800(보) [남문에서 나온 보수]

午戊 = 午丙 + 丙戊 = 800 + 1500 = 2300(보) [구 = 남행의 보수]

또, (구율) : (고율) = 午戊 : 甲戊이므로 다음을 얻는다.

甲戊 = 午戊 × (고율) ÷ (구율) = 2300 × 3 ÷ $\dfrac{8}{5}$ = 4312.5(보) [고 = 동행의 보수]

미지막으로 (구율) : (현율) = 午戊 × 甲午이므로 다음을 얻는다.

甲午 = 午戊 × (현율) ÷ (구율) = 2300 × $\dfrac{17}{5}$ ÷ $\dfrac{8}{5}$ = 4887.5(보) [현 = 사행의 보수]

【구고 9-22】 나무와 사람이 떨어져 있는데, 그 사이의 거리는 알지 못한다. 네 개의 푯말을 세우는데, 그 사이의 거리는 모두 1장이다. 왼쪽의 두 푯말은 바라보는 바[나무]와 서로 가지런하고, 오른쪽의 뒤 푯말로부터 그것을 바라보면 오른쪽 앞 푯말보다 3치 안쪽으로 들어와 보인다. 나무는 사람으로부터 얼마만큼 떨어져 있는가?
有木去人 不知遠近 立四表 相去各一丈 令左兩表與所望參相直 從後右表望之 入前右表三寸 問木去人幾何

답 33장 3자 3$\frac{1}{3}$치

答曰 三十三丈三尺三寸少半寸

해법 1장을 제곱하여 실이라 하고 3치를 법으로 하여, 실을 법으로 나눈다. 「주: 오른쪽 앞 푯말보다 안쪽으로 들어와 보이는 3치를 구율이라 하고, 오른쪽의 두 푯말 사이의 거리 1장을 고율이라 하며, 왼쪽과 오른쪽의 두 푯말 사이의 거리 1장을 주어진 구라고 하자. 그러면 찾고자 하는 나무와 사람 사이의 거리는 주어진 구에 대응하는 고이다. 고율을 마땅히 주어진 구에 곱하는데, 이 두 율은 모두 1장이다. 그래서 제곱하라고 했다. 3치를 법이라고 하여, 실을 법으로 나눈다.」

術曰 令一丈自乘爲實 以三寸爲法 實如法而一 「此以入前右表三寸爲句率 右兩表相去一丈爲股率 左右兩表相去一丈爲見句 所問木去人者 見句之股 股率當乘見句 此二率俱一丈 故曰自乘 以三寸爲法 實如法得一寸」

☞ **역자 주**: 해법에서는 닮은 두 직각 삼각형 사이의 다음과 같은 관계를 이용하고 있다.

(구율) : (고율) = (구) : (고)

여기서 구율은 오른쪽 앞 푯말보다 안쪽으로 들어와 보이는 거리(3치), 고율은 오른쪽의 두 푯말 사이의 거리(1장), 구는 왼쪽과 오른쪽의 두 푯말 사이의 거리(1장), 고는 나무와 사람 사이의 거리이다. 그러므로 다음을 얻는다.

$$(\text{고}) = (\text{구}) \times (\text{고율}) \div (\text{구율}) = 10 \times 10 \div 0.3 = 333\frac{1}{3}\ (\text{자})$$

그림 해설 甲은 나무이고, 乙·丙·己·丁은 네 개의 푯말이라고 하자. 甲丁은 나무와 사람 사이의 거리고, 丁·乙은 왼쪽의 두 푯말인데 甲과 함께 서로 가지런하다. 己는 오른쪽의 뒤 푯말이고, 戊丙은 오른쪽의 앞 푯말보다 안쪽으로 들어와 보이는 거리이다. 두 직각 삼각형 戊丙己와 甲丁己〔己丁甲〕은 서로 닮은 도형이다. 그러므로 안쪽으로 들어와 보이는 거리 戊丙과 푯말 사이의 거리 丙己의 비는 푯말 사이의 거리 己丁과 나무와 사람 사이의 거리 甲丁의 비와 같다.

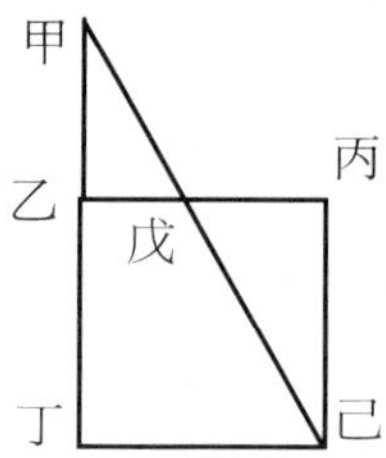

圖解曰 甲爲木 乙丙己丁爲四表 甲丁爲木去人 丁乙爲左兩表 與甲參相直 己爲後右表 戊丙爲入前右表 戊丙己甲丁己〔己丁甲〕爲同式句股形 故戊丙入表與丙己表間 若己丁表間與甲丁木去人之遠也

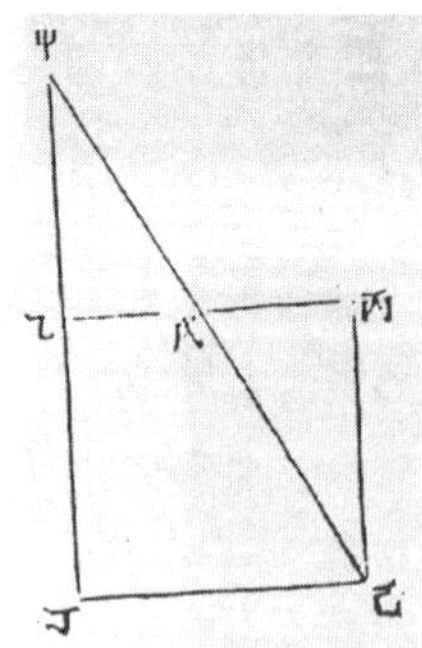

☞ **약해**: 그림 해설의 내용을 기호를 이용해서 요약하면 다음과 같다.

△戊丙己∽△己丁甲이므로 다음을 얻는다.

丙戊 : 丙己 = 丁己 : 丁甲,

丁甲 = 丁己 × 丙己 ÷ 丙戊

$= 10 \times 10 \div 0.3 = 333\frac{1}{3}$ (자)

【구고 9-23】 산이 나무의 서쪽에 있는데, 그 높이는 알지 못한다. 산과 나무 사이가 53리이고 나무의 높이는 9장 5자이다. 사람이 나무에서 동쪽으로 3리 떨어진 곳에 서서 나무의 끝을 바라보니, 산봉우리와 함께 비스듬히 가지런하다. 사람 눈의 높이는 7자이다. 산의 높이는 얼마인가?

有山居木西 不知其高 山去木五十三里 木高九丈五尺 人立木東三里 望木末適與山峯斜平 人目高七尺 問山高幾何

답 164장 9자 $6\frac{2}{3}$치

答曰 一百六十四丈九尺六寸太半寸

해법 나무의 높이를 놓고 사람 눈의 높이 7자를 뺀 나머지에 53리를 곱하여 실이라 하고, 사람과 나무 사이의 거리 3리를 법이라고 하자. 실을 법으로 나누어 얻은 값에 나무의 높이를 더하면 곧 산의 높이이다.「주: 이 해법은 구고법에 따른다. 나무의 높이에서 사람 눈의 높이 7자를 뺀 나머지 8장 8자를 구율이라 하고 〔나무와〕 사람의 눈 사이의 거리 3리를 고율이라 하며, 산과 나무 사이의 거리 53리를 주어진 고라고 하자. 구율을 주어진 고에 곱하고 고율로 나누면 구를 얻고, 나무의 높이를 더한다. 그러면 산의 높이가 된다.」

術曰 置木高 減人目高七尺 餘以乘五十三里爲實 以人去木三里爲法 實如法而一 所得 加木高 卽山高「此術句股之義 以木高減人目高七尺 餘有八丈八尺爲句率 去人目三里爲股率 山去木五十三里爲見股 以句率乘見股 如股率而一 得句 加木之高 故爲山高也」

☞ **역자 주**: 해법에서는 닮은 두 직각 삼각형 사이의 다음과 같은 관계를 이용하고 있다.

(고율) : (구율) = (주어진 고) : (구)

여기서 고율은 나무와 사람의 거리(3리), 구율은 나무의 높이에서 사람 눈의 높이를 뺀 값(8장 8자), 주어진 고는 산과 나무 사이의 거리(53리), 구는 산의 높이에서 나무의 높이를 뺀 값이다. 그러므로 다음을 얻는다.

$$(\text{구}) = (\text{주어진 고}) \times (\text{구율}) \div (\text{고율}) = (53 \times 300) \times 88 \div (3 \times 300) = 1554\frac{2}{3}\,(\text{자}),$$

$$(\text{산의 높이}) = (\text{구}) + (\text{나무의 높이}) = 1649\frac{2}{3}\,(\text{자})$$

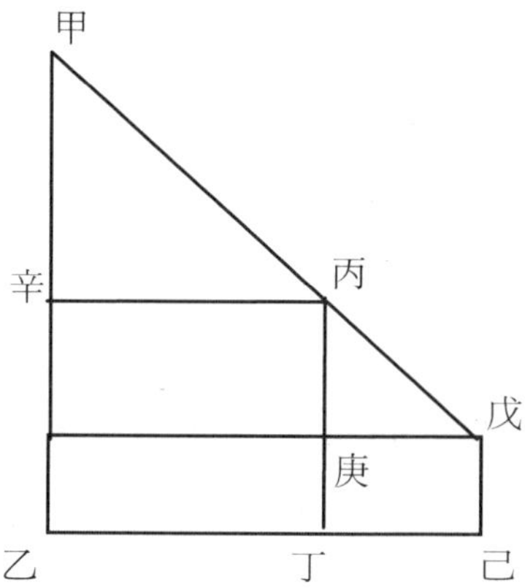

그림 해설 甲乙은 산의 높이이고, 丙丁은 나무의 높이로 辛乙과 서로 같다고 하자. 乙丁은 산과 나무 사이의 거리로 辛丙과 서로 같다고 하자. 戊己는 사람 눈의 높이로 庚丁과 서로 같다고 하자. 나무의 높이 丙丁에서 사람 눈의 높이 庚丁을 뺀 나머지 丙庚은 두 높이의 차이이다. 사람의 눈 戊부터 나무의 끝 丙과 산의 봉우리 甲은 서로 가지런하다. 두 직각 삼각형 丙庚戊와 甲辛丙은 서로 닮은 도형이다. 그러므로 사람과 나무 사이 戊庚와 두 높이의 차이 丙庚의 비는 산과 나무 사이 丙辛과 산봉우리 甲으로부터 나무의 끝 辛에 이르는 거리 甲辛의 비와 서로 같다. 이에 나무의 높이 辛乙을 더하면 甲乙, 곧 산의 높이를 얻는다.

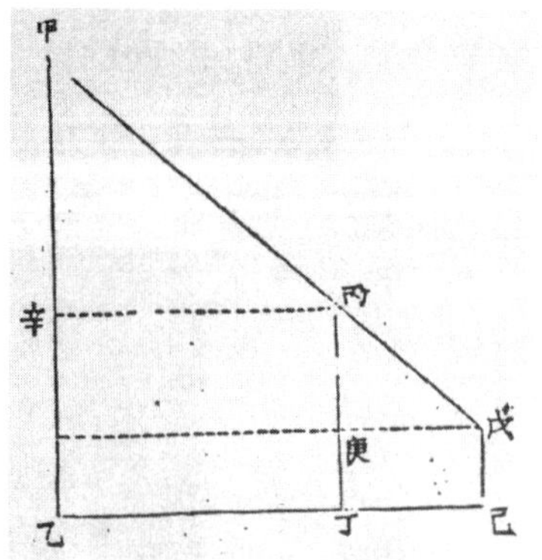

圖解曰 甲乙爲山高 丙丁爲木高 與辛乙等 乙丁爲山去木 與辛丙等 戊己爲人目高 與庚丁等 丙丁木高 内減庚丁人目高 餘丙庚爲兩高較 自人目戊與木末丙山峯甲參相直 而丙庚戊甲辛丙爲同式句股形 故戊庚人去木與丙庚兩高較 若丙辛山去木與甲辛自山峯甲至木末辛 乃加木高辛乙得甲乙 卽山高也

☞ **약해**: 그림 해설의 내용을 기호를 이용해서 요약하면 다음과 같다.

△丙庚戊∽△甲辛丙이므로 다음이 성립한다.

庚戊 : 丙庚 = 辛丙 : 甲辛,
甲辛 = 辛丙 × 丙庚 ÷ 庚戊

$$=(53\times300)\times88\div(3\times300)=1554\frac{2}{3}\text{(자)},$$

甲乙 = 甲辛 + 辛乙 = $1649\frac{2}{3}$(자)

【구고 9-24】 지금 지름이 5자인 우물이 있는데, 그 깊이는 알지 못한다. 5자의 나무를 우물의 가장자리 위에 세우고 나무의 끝에서 물가를 보니, 가장자리로부터 4치만큼 들어가서 지름을 지난다. 우물의 깊이는 얼마인가?
今有井經五尺 不知其深 立五尺木於井上 從木末望水岸 入徑四寸 問深幾何

답 5장 7자 5치
答曰 五丈七尺五寸

해법 우물의 지름 5자를 놓고 이에서 들어간 지름 4치를 뺀 나머지에 세운 나무의 크기 5자를 곱하여 실이라고 하자. 들어간 지름 4치를 법으로 하여, 실을 법으로 나눈다. 「주: 여기서는 들어간 지름 4치를 구율이라 하고, 세운 나무의 길이 5자를 고율이라 하며, 우물의 나머지 지름 4자 6치를 주어진 구라고 한다. 그러면 구하는 우물의 깊이는 주어진 구에 대응하는 고이다.」

術曰 置井徑五尺 以入徑四寸減之 餘以乘立木五尺爲實 以入徑四寸爲法 實如法得一寸 「此以入徑四寸爲句率 立木五尺爲股率 井徑四尺六寸爲見句 問井深者 見句之股也」

☞ **역자 주**: 해법에서는 닮은 두 직각 삼각형 사이의 다음과 같은 관계를 이용하고 있다.

(구율) : (고율) = (주어진 구) : (고)

여기서 구율은 들어간 지름(4치), 고율은 세운 나무의 길이(5자), 주어진 구는 우물의 나머지 지름(4자 6치)이다. 그러므로 다음을 얻는다.

(고)=(주어진 구)×(고율)÷(구율)
=4.6×5÷0.4=57.5(자)

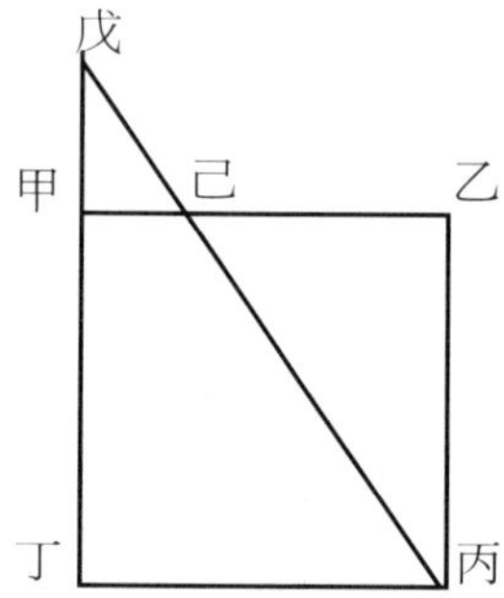

그림 해설 甲乙丙丁은 우물이라 하고, 乙丙은 우물의 깊이로 甲丁과 서로 같다고 하자. 甲乙은 우물의 지름이라 하고, 戊甲은 〔우물 가장자리 위에〕 세운 나무라고 하자. 나무의 끝 戊로부터 물가를 丙을 바라보면, 우물의 지름 甲乙을 己에서 지난다. 甲己를 들어간 지름이라 하고 己乙을 나머지 지름이라고 하면, 직각 삼각형 戊甲己와 丙乙己는 서로 닮은 도형이다. 그러므로 들어간 지름 甲己와 세운 나무 戊甲의 비는 나머지 지름 己乙과 우물의 깊이 乙丙의 비와 같다.

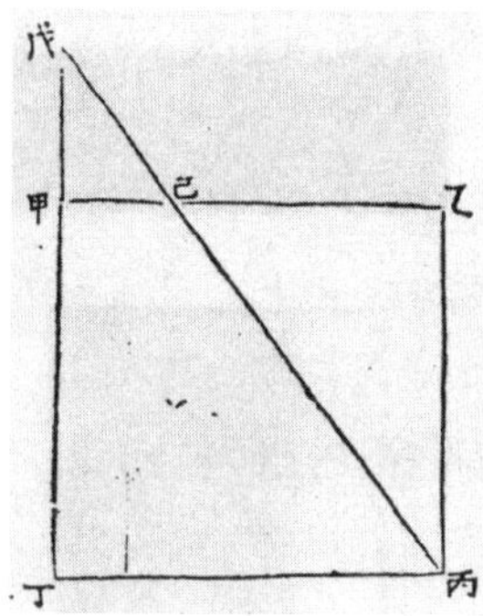

圖解曰 甲乙丙丁爲井 乙丙爲井深 與甲丁等 甲乙爲井徑 戊甲爲立木 自木末戊望水岸丙 則截甲乙井徑於己 甲己爲入徑 己乙爲徑較 而戊甲己丙乙己爲同式句股形 故甲己入徑與戊甲立木 若己乙徑較與乙丙井深也

☞ **약해**: 그림 해설의 내용을 기호를 이용해서 요약하면 다음과 같다.

△戊甲己∽△丙乙己이므로 다음이 성립한다.

甲己 : 甲戊=乙己 : 乙丙,
乙丙=乙己×甲戊÷甲己
=4.6×5÷0.4=57.5(자)

해도산경(海島筭經)

위 유휘 지음(魏 劉徽 撰)

당 이순풍 등이 칙령을 받들어 주석(唐 李淳風 等 奉勅 注釋[1])

패동 남원상 도해(浿東 南元裳 圖解)

『해도산경』은 아홉 개의 문제로 이루어진 작은 책으로, 유휘가 263년에 지었다. 유휘는 원래 이를 『구장산술』 제9권 <구고>의 연속으로 썼고 "중차"(重差)라고 불렀는데, 당 시대(618~907)에 『구장산술』로부터 분리되어 『해도산경』이라는 이름을 가진 하나의 독립된 책이 되었다. "중차"에 대한 설명은 유휘가 주석을 붙인 『구장산술』의 서문에서 찾아볼 수 있는데, 아래는 그와 관련된 부분이다.[2]

나는 구수[3]에 중차라는 개념이 있음을 찾아내어, 그 취지를 살려 바로 이 문제에 적용해 보았다. 무릇 지극히 높은 곳을 관측하고, 아주 깊은 곳을 측량해서 그 거리를 알아내려면, 반드시 중차를 이용해야 한다. 직각 삼각형들의 대응하는 변들 사이의 비율로서의 차를 두 번 이용해야 하므로, 중차라고 한다. …(중략)… 나는 오늘날 남아있는 역사 기록들을 참조하고, 또한 천지간의 사물들을 대략이나마 예시하면서 그 수치들을 고찰·논의하며, 그것들을 기록에 실어 산술의 묘미를 세상에 밝히려고 한다. 급작스럽게 중차에 관한 부분을 지어서 주해를 붙이고, 옛 사람들의 뜻을 연구하여 구고 아래에 덧붙였다. 높이를 재려면 두 개의 푯말을 쓰면 되고,[4] 깊이를 측량하려면 두 개의 곱자가 필요하다.[5] 외떨어진 것이 있으면 세 번 관측하고,[6] 떨어진 데다 드넓기까지 한 걸 알아내려면 네 번 관측하면 된다.[7]

---

1) 『중국역대산학집성』·상(中國歷代算學集成·上, 山東人民出版社, 1994)에 수록된 『해도산경』에는 이 부분이 다음과 같이 되어 있다. "당조의대부행태사령상경차도위신이순풍등봉칙주석(唐朝議大夫行太史令上輕車都尉臣李淳風等奉勅注釋)"

2) 다음 책들을 참조했다.
차종천 역, 九章算術·周髀算經, 범양사출판부, 2000, pp. 18~22.
S. Kangshen·J. N. Crossley·A. W.-C. Lun, *The Nine Chapters on the Mathematical Art*, Oxford University Press, 1999, pp. 518~524.

3) 방전(方田), 속미(粟米), 차분(差分), 소광(少廣), 상공(商功), 균수(均輸), 방정(方程), 영부족(盈不足), 방요(旁要) 등을 일컫는다. 나중에 차분(差分)은 쇠분(衰分)으로 그리고 방요(旁要)는 구고(句股)로 불리게 되었다.

4) 『해도산경』 제1, 2, 3, 6문 참조.

5) 『해도산경』 제4, 5, 7, 9문 참조.

徽尋九數有重差之名 原其旨趣 乃所以施於此也 凡望極高 測絶深 以兼地其遠者 必用重差 勾股則必以重差爲率 故曰重差也 …(中略)… 徽以爲今之史籍且略擧天地之物 考論厥數 載之於志 以闡世術之美 輒造重差幷爲注解 以究古人之意 綴於勾股之下 度高者重表 測深者累矩 孤離者三望 離而又旁求者四望

위의 중략에는 (『주비산경』에서도 언급한) 두 개의 푯말을 이용해서 해의 높이와 해까지의 거리를 구하는 과정이 소개되어 있다. 그 원리는 『해도산경』 제1문에 적용된다. 그리고 (『주비산경』에 있는 내용과 일치하는) 대나무 통을 이용해서 해의 지름을 구하는 방법이 설명되어 있다.

여기서는 『해도산경』 전체를 다루는데, **해법** 중에 「주: …」 안의 설명은 이순풍 등의 주석이고 **그림 해설**은 그림을 이용한 남원상의 설명이다. 문항 번호는 [해도 1]~[해도 9]로 나타낸다.

【해도 1】 지금 바다의 섬을 바라보고 있다. 높이가 똑같이 3장인 두 개의 푯말을 세우는데, 앞과 뒤의 푯말 사이는 1,000보이다. 뒤의 푯말과 앞의 푯말을 〔섬의 봉우리와 더불어〕 서로 가지런하게 한다. 앞의 푯말로부터 123보 물러나서 눈을 땅에 붙이고 섬의 봉우리를 바라보면 푯말의 꼭대기와 서로 가지런하다. 뒤의 푯말로부터 127보 물러나서 눈을 땅에 붙이고 섬의 봉우리를 보면 역시 푯말의 꼭대기와 서로 가지런하다. 섬의 높이 및 〔앞의〕 푯말과의 거리는 각각 얼마인가?

今有望海島 立兩表齊高三丈 前後相去千步 令後表與前表參相直 從前表郤[8]行一百二十三步 人目著地 取望島峯 與表末參合 從後表郤行一百二十七步 人目著地 取望島峯 亦與表末參合 問島高及去表各幾何

답 섬의 높이 4리 55보,
〔섬과 앞의〕 푯말과의 거리 102리 150보

答曰 島高四里五十五步
去表一百二里一百五十步

---

6) 『해도산경』 제2, 5, 6, 8문 참조. 이를 '삼차측망'(三次測望)이라고 한다.
7) 『해도산경』 제7, 9문 참조. 이를 '사차측망'(四次測望)이라고 한다.
8) '郤'은 '卻'의 오기이다. '卻'은 '물러나다' 또는 '물리치다'를 뜻하는 '却'의 본자(本字)이다. 이 책의 뒤에서 卻을 郤로 오기한 경우는 모두 卻으로 고쳐놓았다.

해법 푯말의 높이를 두 푯말 사이의 거리에 곱하여 실이라고 하자. 상다〔相多, 두 푯말에서 물러난 거리의 차〕를 법이라고 하여, 이를 나누어 얻는 바에 푯말의 높이를 더하면 곧 섬의 높이이다. 「주: 신 순풍 등은 이 해법의 뜻과 마땅함을 삼가 살펴서 아룁니다. 섬이라는 함은 산의 꼭대기를 이르고, 두 푯말은 끝을 곧게 세운 표목을 이른다. 눈으로 나무 끝으로부터 섬을 바라보면 가지런하게 평평하고, 푯말로부터 123보 물러난 곳이 앞 푯말의 시작이며, 뒤에 세운 푯말에서는 푯말의 끝에서 눈까지 서로 바라볼 때 푯말에서 127보 물러난다. 두 푯말에서 서로 물러난 거리를 상다라 하고, 이를 법이라고 하자.[9] 앞과 뒤 푯말 사이 1,000보를 표간이라 하고, 이에 표고(푯말의 높이)를 곱하여 실이라고 하자. 이를 법으로 나누고 표고를 더하면 곧 이 섬의 높이이다. 단위를 보로 나타내면 1,255보를 얻는다. 1리는 300보이므로, 이를 300으로 나누면 4리와 나머지 55보를 얻는다. 이것이 섬의 높이를 나타내는 수치이다.」

앞의 푯말과 섬 사이의 거리를 구하기 위해, 앞의 푯말에서 물러난 거리를 표간에 곱하여 실이라고 하자. 상다를 법으로 하여 이를 나누면 섬과 〔앞의〕 푯말 사이의 거리를 얻는다. 「주: 신 순풍 등은 이 해법의 뜻이 마땅함을 신중하게 살펴보고 다음과 같이 아뢴다. 앞의 푯말에서 물어난 거리를 표간에 곱하면 123,000보를 얻는다. 상다 4로 이를 나누면 30,750보를 얻는다. 또 1리는 300보이므로, 300으로 이를 나누면 102리와 150보를 얻는다. 이것이 섬과 푯말 사이의 거리를 나타내는 수치이다.」

術曰 以表高乘表間爲實 相多爲法 除之 所得 加表高 卽得島高「臣淳風等謹按此術意宜 云 島謂山之頂上 兩表謂立表木之端直 以人目於木末望島參平 人去表一百一十三步 爲前表之始 後立表木至人目於木末相望 去表一百二十七步 二表相去爲相多 以爲法 前後表相去千步爲表間 以表高乘之爲實 以法除之 加表高 卽是島高 積步得一千二百五十五步 以里法三百步 除之 得四里餘五十五步 是島高之步數也」

求前表去島遠近者 以前表卻行乘表間爲實 相多爲法 除之 得島去表里

---

9) 대진(戴震)은 이 구절이 잘못된 주석이라고 <해도산경 정와>에서 지적하고 있다.

數「臣淳風等 謹按此術意宜 云 前去表乘表間 得十二萬三千步 以相多四步爲法 除之 得三萬七百五十步 又以里法三百步 除之 得一百二里一百五十步 是島去表里數」

☞ **역자 주 1**: 이 문제는 [구장 9-23]을 일반화한 것으로 볼 수 있다. 해법을 다음과 같이 요약할 수 있다. [10자=1장, 6자=1보, 300보=1리]

$$\text{섬의 높이: } \frac{(\text{푯말의 높이})\times(\text{두 푯말 사이의 거리})}{(\text{두 푯말에서 물러난 거리의 차})}+(\text{푯말의 높이})$$

$$=\frac{(3\times10\div6)\times1000}{127-123}+(3\times10\div6)$$

$$=\frac{5\times1000}{4}+5=1255(\text{보})=4\text{리 } 55\text{보},$$

$$\text{섬과 푯말 사이: } \frac{(\text{앞 푯말에서 물러난 거리})\times(\text{두 푯말 사이의 거리})}{(\text{두 푯말에서 물러난 거리의 차})}$$

$$=\frac{123\times1000}{4}=30750(\text{보})=102\text{리 } 150\text{보}$$

이순풍 등의 주석은 구체적인 계산을 시행한 것에 불과하며, 위의 해법이 정당한 이유는 설명하지 않고 있다.

☞ **역자 주 2**: 앞에서 참조한 영문 『구장산술』[10](pp. 525~528)에서는, 남송(1127~1279)의 산학자 양휘(揚輝)가 그의 책 『속고적기산법』(續古摘寄算法, 『揚輝算法』의 일부)에서 이와 관련된 문제를 풀 때 이용한 방법을 통해, 유휘의 해법이 등장한 이유를 설명하고 있다. 그 과정을 살펴보면 다음과 같다.

가장 기본적인 원리를 오른쪽 그림으로 설명한다. 직사각형 ABCD의 대각선 BD 위의 점 E을 지나고 각 변과 평행인 선을 긋는다. 그러면 △BEF∽△EDG이므로 다음이 성립한다.

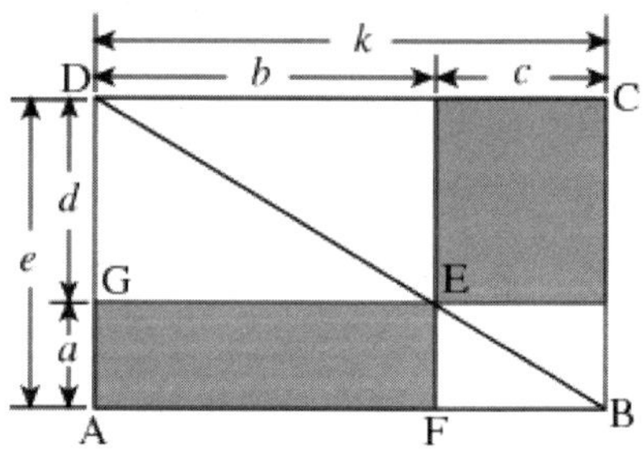

$$\frac{a}{c}=\frac{d}{b},\quad ab=cd$$

따라서 □AE=□EC이다. (□AE는 대각선이 AE인 직사각형 또는 그 넓이를 나타낸다.)

10) S. Kangshen · J. N. Crossley · A. W.-C. Lun, *The Nine Chapters on the Mathematical Art*, Oxford University Press, 1999.

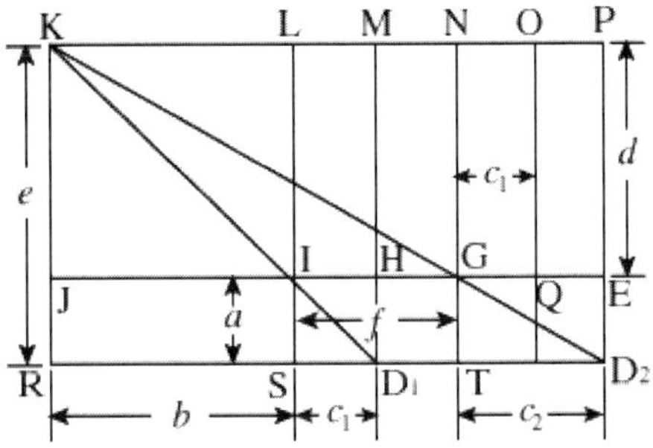

이제, 문제 [해도 1]의 상황을 오른쪽 그림과 같이 나타내고, 위의 기본 원리를 반복 적용해보자.

□KPD_2R과 그 대각선 KD_2에 대해 □GR=□GP이다. 또, □KMD_1R과 그 대각선 KD_1에 대해 □IR=□IM=□GO이다. 그러므로 앞의 식에서 뒤의 식을 빼면, 다음을 얻는다.

$$\begin{aligned} \square GS &= \square GR - \square IR \\ &= \square GP - \square GO \\ &= \square QP, \end{aligned}$$

$$af = d(c_2 - c_1),$$

$$\begin{aligned} RK &= d + a \\ &= \frac{af}{c_2 - c_1} + a, \end{aligned}$$

[위의 □GR－□IR과 □GP－□GO에서 차를 두 번 시행하고 있다. 이것이 유휘가 중차라고 부른 것이다.]

그리고 □IR=□IM에서 다음을 얻는다.

$$ab = c_1 d,$$

$$RS = b = \frac{c_1 f}{c_2 - c_1}$$

窺望海島之圖

오른쪽 위의 그림은 청(淸) 시대의 『고금도서집성』(古今圖書集成)에 있는 이와 관련된 삽화이다.

그림 해설 甲乙은 섬의 높이이고 戊庚은 앞의 푯말이며 丁壬은 뒤의 푯말이라고 하자. 庚壬은 두 푯말 사이의 거리로, 丁戊와 같다. 庚辛은 앞의 푯말에서 물러난 거리로, 壬丙과 같다. 壬癸는 뒤의 푯말에서 물러난 거리이다. 물러난 두 거리를 서로 뺀 나머지 丙癸가

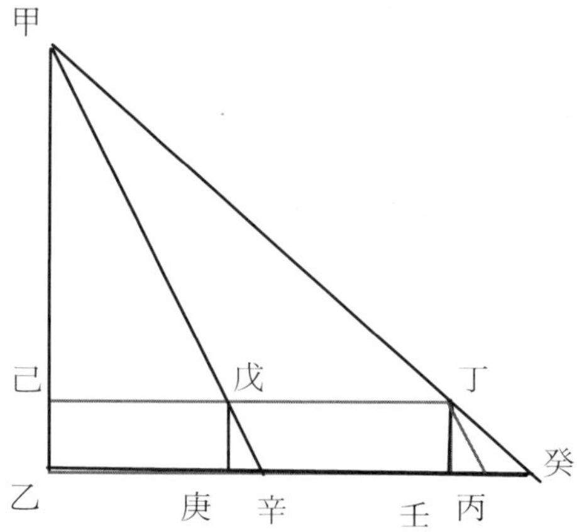

상다(相多)이고 丁己는 두 푯말의 꼭대기를 똑같이 고르게 지나는 직선이다. 드디어 두 직각 삼각형 甲己丁과 丁壬癸는 서로 닮은 도형을 이룬다. 상다 丙癸와 푯말의 높이 丁壬의 비는 두 푯말 사이의 거리 丁戊와 甲己의 비와 같다. 이[甲己]에 푯말의 높이 丁壬과 서로 같은 己乙을 더하면 곧 섬 봉우리의 높이 甲乙을 얻는다. 이렇게 높이를 측정한다.
앞의 푯말로부터 섬까지의 거리를 구하는데, 닮은 두 직각 삼각형 안에서 丙癸와 壬丙의 비는 丁戊와 戊己의 비와 같다. 戊己는 곧 섬과 앞의 푯말 사이의 거리 庚乙이다. 이렇게 먼 거리를 측정한다.

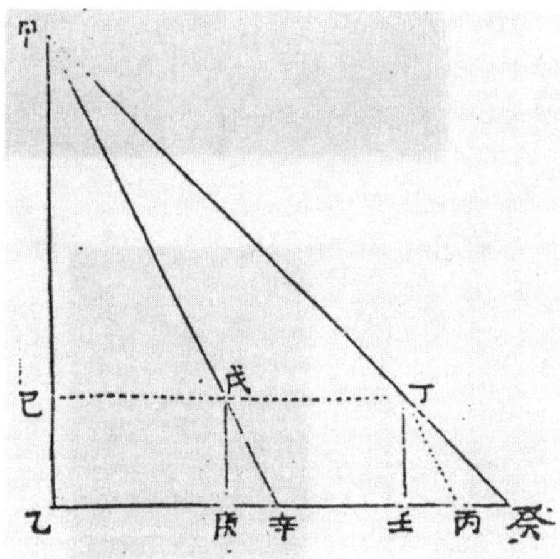

圖解曰 甲乙爲島高 戊庚爲前表 丁壬爲後表 庚壬爲表間 與丁戊等 庚辛爲前表卻行 與丙壬等 壬癸爲後表卻行 兩卻行相減 餘丙癸爲相多 丁己爲兩表端平等之直線 遂成甲己丁丁壬癸兩同式句股形 以丙癸相多與丁壬表高 若丁戊表間與甲己 乃加丁壬表高相等之己乙 卽得甲乙島峯之高也 此測高也
求前表去島遠近者 兩同式句股形內 以丙癸與壬丙 若丁戊與戊己 戊己卽庚乙島去前表 此測遠也

☞ **약해**: 그림 해설을 [보완하고] 기호를 이용해서 요약하면 다음과 같다.

△丁壬癸∽△甲己丁이고 △丁壬丙≡△戊庚辛∽△甲己戊이므로, 다음이 성립한다.

壬癸 : 丁壬 = 己丁 : 甲己,　壬丙 : 丁壬 = 己戊 : 甲己 …… ①
⇒ (壬癸 − 壬丙) : 丁壬 = (己丁 − 己戊) : 甲己,
　즉　丙癸 : 丁壬 = 丁戊 : 甲己,
丙癸 : 丁壬 = 丁戊 : 甲己 …… ②

[이 결과는 위와 같이 두 쌍의 닮은 직각 삼각형의 비례식으로부터 뺄셈을 통해 얻을 수 있지만, 둔각 삼각형 丁丙癸와 甲戊丁의 밑변과 이에 대한 높이의 비로부터 직접 얻을 수도 있다. (뒤의 [수서 1]의 그림 해설에서 이런 둔각 삼각형의 닮음 관계를 분명히 밝히고 있다.) 남원상은 『해도산경』의 도해에서 이 관계를 여러 번 이용하고 있다.]

또, 식 ①과 ②로부터 다음을 얻는다.

$$\frac{\text{丙壬}}{\text{丁壬}} = \frac{\text{戊己}}{\text{甲己}},\quad \frac{\text{丙癸}}{\text{丁壬}} = \frac{\text{丁戊}}{\text{甲己}}$$

$$\Rightarrow \frac{\text{丙癸}}{\text{丙壬}} = \frac{\text{丁戊}}{\text{戊己}} \quad \cdots\cdots ③$$

이제, ②와 ③으로부터 다음과 같이 원하는 거리를 얻는다.

$$\text{섬의 높이}: \text{甲乙} = \text{甲己} + \text{己乙} = \frac{\text{丁壬} \times \text{丁戊}}{\text{癸丙}} + \text{己乙}$$

$$= \frac{5 \times 1000}{4} + 5 = 1255(\text{보}) = 4\text{리 } 55\text{보},$$

$$\text{섬과 푯말 사이}: \text{庚乙} = \text{戊己} = \frac{\text{丙壬} \times \text{丁戊}}{\text{癸丙}}$$

$$= \frac{123 \times 1000}{4} = 30750(\text{보}) = 102\text{리 } 150\text{보}$$

【해도 2】 지금 산 위에 있는 소나무를 바라보는데, 그 높이는 알지 못한다. 높이가 똑같이 2장인 두 개의 푯말을 세운다. 앞과 뒤의 푯말 사이는 50보이고, 뒤의 푯말과 앞의 푯말은 [섬의 봉우리와 더불어] 서로 가지런하게 한다. 앞의 푯말로부터 7보 4자 물러나서 땅 바닥으로부터 멀리 소나무의 꼭대기를 바라보면 푯말의 꼭대기와 더불어 서로 가지런히 합치된다. 또, 소나무의 밑을 바라보면 입표는 2자 8치이다. [즉, 시선은 푯말의 꼭대기에서 2자 8치 내려온 지점을 지난다.] 다시 뒤의 푯말로부터 8보 5자 물러나서 땅 바닥으로부터 멀리 소나무의 꼭대기를

바라보면 역시 푯말의 꼭대기와 더불어 서로 가지런히 합치된다. 소나무의 높이 및 산과 푯말 사이의 거리는 각각 얼마인가?
今有望松生山上 不知高下 立兩表齊高二丈 前後相去五十步 令後表與前表參相直 從前表卻行七步四尺 薄地遙望松末 與表端參合 又望松本入表二尺八寸 復從後表卻行八步五尺 薄地遙望松末 亦與表端參合 問松高及山去表(11))幾何

답 소나무의 높이 12장 2자 8치,
산과 푯말 사이의 거리 1리 28$\frac{4}{7}$보

答曰 松高十二丈二尺八寸
山去表一里二十八步七分步之四

해법 입표를 표간[두 푯말 사이의 거리]에 곱하여 실이라고 하자. 상다[두 푯말에서 물러난 거리의 차]를 법이라고 하여, 이를 나누고 입표를 더하면 곧 소나무의 높이를 얻는다.「주: 신 순풍 등은 이 해법의 뜻이 마땅함을 신중하게 살펴보고 다음과 같이 아뢴다. 앞의 푯말과 뒤의 푯말에서 거리를 서로 뺀 나머지는 7자인데, 이것이 상다이며 법이라고 하자. 두 푯말 사이의 보수를 자로 환산하고, 이에 입표를 곱하여 [한 자리 물려서] 실이라고 하자. 이를 법으로 나누고 다시 입표를 더하면 122자 8치를 얻는다. 이것이 소나무의 높이이다. [한 자리 물리면] 12장 2자 8치이다. 6자가 1보임을 생각하자.」
푯말과 산 사이의 거리를 구하기 위해서, 표간을 놓고 이에 앞의 푯말에서 물러난 거리를 곱하여 실이라고 하자. 상다를 법으로 하여 이를 나누면, 산과 푯말 사이의 거리를 얻는다.「주: 신 순풍 등은 이 해법의 뜻이 마땅함을 신중하게 살펴보고 다음과 같이 아뢴다. 표간을 보척법(步尺法, 1보=6자)으로 환산하면 300자를 얻는다. 앞의 푯말에서 물러난 거리 46자를 이에 곱하여 실이라고 하자. 상다 7자를 법이라고 하여, 실을 나누면 1,971과 7분의 3자를 얻는다. 이척법(里尺法, 1리=300보=1800자)으로 이를

11) '各' 낙자

환산하면 1리와 부진($171\frac{3}{7}$자)을 얻는다. 보척법으로 환산하면 28보와 부진($3\frac{3}{7}$자)을 얻는다. 3에 다시 7을 곱하여 얻는 수에 분자 3을 더하면 24를 얻는다. 다시 보척법으로 분모 7에 6을 곱하여 42를 얻어 단위가 보가 된다. 이를 함께 반으로 하고, 공약수로 나누면 곧 산에서 앞의 푯말까지의 거리 1리 28과 7분의 4보이다.」

術曰 以入表乘表間爲實 相多爲法 除之 加入表 卽得松高「臣淳風等 謹按此術意宜 云 前後去表相減 餘七尺 是相多 以爲法 表間步通之爲尺 以入表乘之 退位一等 以爲實 以法 除之 更加入表 得一百二十二尺八寸 以爲松高 退位一等 得十二丈二尺八寸也 ○按六尺爲一步也」

求表去山遠近者 置表間 以前表卻行乘之爲實 相多爲法 除之 得山去表「臣淳風等 謹按此術意宜 云 表間以步尺法通之 得三百尺 以前去表四十六尺乘之爲實 以相多七尺爲法 實如法而一 得一千九百七十一尺七分尺之三 以里尺法除之 得一里不盡 以步尺除之 得二十八步不盡 三還以七因之 得數 内子三 得二十四 復置步尺法 以分母七乘六得四十二爲步法 俱半之 副置平約等數 卽是於山去前表一里二十八步七分步之四也」

☞ **역자 주 1**: 해법을 다음과 같이 요약할 수 있다. [6자=1보, 300보=1리]

소나무의 높이: $\dfrac{(\text{입표})\times(\text{두 푯말 사이의 거리})}{(\text{두 푯말에서 물러난 거리의 차})}+(\text{입표})$

$$=\frac{2.8\times(50\times6)}{(8\times6+5)-(7\times6+4)}+2.8=\frac{2.8\times300}{7}+2.8$$

$=122.8(\text{자})=12$장 2자 8치,

산과 푯말 사이: $\dfrac{(\text{앞 푯말에서 물러난 거리})\times(\text{두 푯말 사이의 거리})}{(\text{두 푯말에서 물러난 거리의 차})}$

$$=46\times300\div7=13800\div7(\text{자})=1971\frac{3}{7}\text{자}$$

$$=1\text{리 } 171\frac{3}{7}\text{자}=1\text{리 } 28\text{보 } 3\frac{3}{7}\text{자}=1\text{리 } 28\text{보 } \frac{24}{7}\text{자}$$

$$=1\text{리 } 28\text{보 } \frac{24}{42}\text{보}=1\text{리 } 28\frac{4}{7}\text{보}$$

여기에서도 이순풍 등의 주석은 구체적인 계산을 시행한 것에 불과하다.

☞ **역자 주 2:** 앞에서 참조한 영문 『구장산술』에서는 이 문제에 대한 유휘의 해법을 다음과 같이 추측하고 있다.

먼저, 문제 [해도 1]과 똑같은 방법으로 산과 앞의 푯말 사이의 거리를 구한다. 즉, 오른쪽 그림에서 b를 다음과 같이 구한다.

$$b=\frac{c_1 f}{c_2-c_1}$$

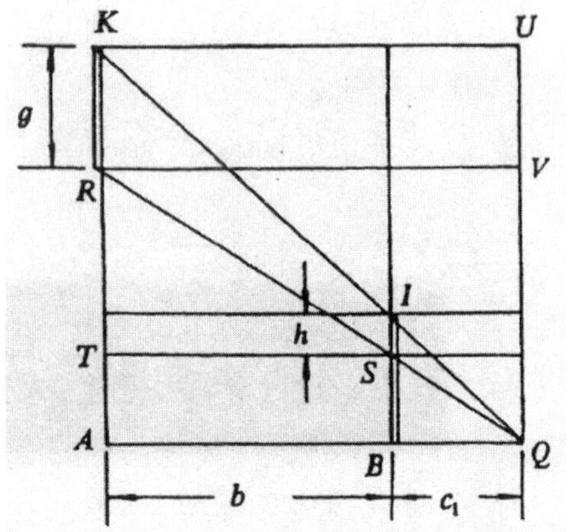

그리고 □KUQA와 그 대각선 KQ에 대해 □AI=□UI이고, □RVQA와 그 대각선 QR에 대해 □AS=□VS이다. 그러므로 다음을 얻는다.

$$\square TI=\square AI-\square AS=\square UI-\square VS,$$

$$bh=gc_1-hc_1,$$

$$g=\frac{hb}{c_1}+h$$

그림 해설 甲丙은 소나무의 높이라 하고, 甲乙은 소나무의 꼭대기에서 산밑까지의 높이라고 하자. 己子는 앞의 푯말이고, 辛寅은 뒤의 푯말이라고 하자. 子寅은 두 푯말 사이의 거리로, 辛己와 같다. 己戊는 입표로 辛庚과 같다고 하자. 子丑은 앞의 푯말에서 물러난 거리로, 寅丁과 같다고 하자. 寅卯는 뒤의 푯말에서 물러난 거리라 하고, 물러난 두 거리를 서로 뺀 나머지 丁卯를 상다(相多)라고 하자. 辛癸는 두 푯말의 꼭대기를 똑같이 고르게 지나는 직선이다. 앞 푯말의 꼭대기 己를

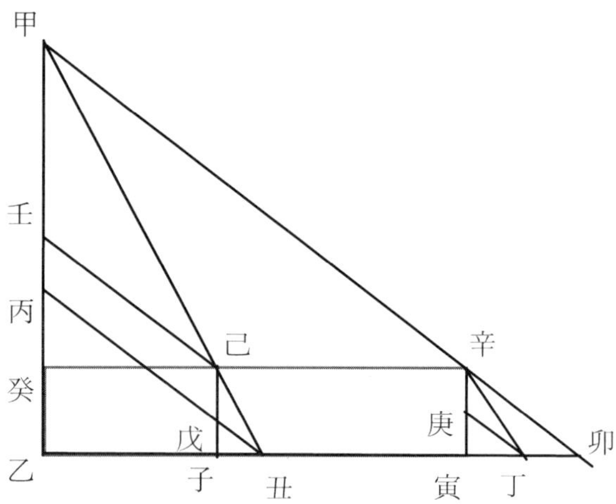

지나는 직선 己壬을, 戊丙[12]과 서로 평행이 되도록 그리면, 곧 壬丙은 입표 己戊와 서로 같다. 드디어 두 직각 삼각형 甲癸辛과 辛寅卯는 서로 닮은 도형을 이룬다. 물러난 두 거리의 차 丁卯와 입표 辛庚의 비는 두 푯말 사이의 거리 辛己와 소나무의 꼭대기에서 직선 己壬의 꼭대기까지인 甲壬의 비와 같다. 입표 壬丙을 더하면 곧 소나무의 높이 甲丙을 얻는다. 이렇게 높이를 측정한다.

〔앞의〕 푯말로부터 산까지의 거리를 구하는데, 닮은 두 직각 삼각형 안에서 丁卯와 寅丁의 비는 辛己〔己辛〕와 己癸〔癸己〕의 비와 같다. 己癸는 곧 산과 〔앞의〕 푯말 사이의 거리 子乙이다. 이렇게 멀기를 측정한다.

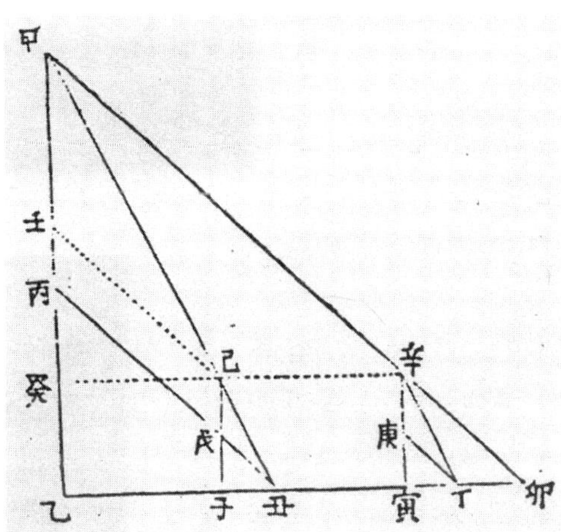

圖解曰 甲丙爲松高 甲乙爲自松末至山底之高 己子爲前表 辛寅爲後表 子寅爲表間 與辛己等 己戊爲入表 與辛庚等 子丑爲前表卻行 與寅丁等 寅卯爲後表卻行 兩卻行相減 餘丁卯爲相多 辛癸爲兩表端平等之直線 從前表端己作己壬直線與戊丙平行 則壬丙與己戊入表等 遂成甲癸辛辛寅卯兩同式句股形 以丁卯卻行較 與辛庚入表 若辛己表間 與甲壬松末至己壬直線之高 乃加壬丙入表 卽得甲丙松高也 此測高也

求表去山遠近者 兩同式句股形内 以丁卯與寅丁 若辛己與己癸 己癸卽子乙山去表也 此測遠也

☞ **약해**: 그림 해설을 [보완하고] 기호를 이용해서 요약하면 다음과 같다.

△甲癸辛∽△辛寅卯이므로 다음이 성립한다.

丁卯 : 辛庚 = 辛己 : 甲壬 …… ①

[이 결과는 △丁卯辛∽△己辛甲이고 △丁辛庚≡△丑己戊∽△己甲壬라는 사실로

12) 丑丙이 올바름

부터 다음과 같이 유도할 수 있다.

$$\frac{丁卯}{丁辛}=\frac{辛己}{甲己},\ \frac{辛庚}{丁辛}=\frac{甲壬}{甲己}\ \Rightarrow\ \frac{丁卯}{辛庚}=\frac{辛己}{甲壬}$$]

그리고 문제 [해도 1]과 똑같은 방법으로 다음이 성립한다.

丁卯 : 寅丁 = 辛己 : 癸己 …… ②

이제, 식 ①과 ②로부터 다음과 같이 원하는 거리를 얻는다.

소나무의 높이: 甲丙 = 甲壬 + 壬丙 = 辛庚 × 辛己 ÷ 丁卯 + 己戊
= 2.8 × (50 × 6) ÷ {(8 × 6 + 5) − (7 × 6 + 4)} + 2.8
= 2.8 × 300 ÷ 7 + 2.8 = 122.8(자) = 12장 2자 8치,

산과 푯말 사이: 子乙 = 癸己 = 寅丁 × 辛己 ÷ 丁卯
= 46 × 300 ÷ 7 = 13800 ÷ 7(자)
= 2300 ÷ 7(보) = 328 $\frac{4}{7}$ (보) = 1리 28 $\frac{4}{7}$ 보

【해도 3】 지금 남쪽의 정사각형 마을을 바라보고 있는데, 그 크기는 알지 못한다. 동쪽과 서쪽에 6장의 거리를 두고 두 개의 푯말을 가지런히 세우고, 이를 사람 눈 높이의 줄로 연결한다. 동쪽 푯말과 마을의 동남쪽 모퉁이 및 동북쪽 모퉁이가 일렬로 가지런하게 한다. 마땅히 동쪽 푯말에서 북쪽으로 5보 물러나서 멀리 마을의 서북쪽 모퉁이를 바라보면, 동쪽 끝에서의 입삭이 2장 2자 6치 반이다. [즉, 시선은 줄의 동쪽 끝으로부터 2장 2자 6치 반만큼 들어간 지점을 지난다.] 또 북쪽으로 푯말에서 13보 2자 물러서서 마을의 서북쪽 모퉁이를 똑바로 바라보면, 서쪽 푯말과 더불어 서로 가지런히 합치된다. 마을의 한 변 및 마을과 푯말 사이의 거리는 얼마인가?
今有南望方邑 不知大小 立兩表東西去六丈齊 人目以索連之 令東表與邑東南隅及東北隅參相直 當東表之北卻行五步 遙望邑西北隅 入索東端二丈二尺六寸半 又卻北行去表十三步二尺 遙望邑西北隅適 與西表相參合 問邑方及邑去表幾何

답 마을의 한 변 3리 $43\frac{3}{4}$보

마을과 푯말 사이의 거리 4리 45보

答曰 邑方三里四十三步四分步之三

邑去表四里四十五步

해법 입삭을 푯말에서 나중에 물러난 거리에 곱하고, 이를 두 푯말 사이의 거리로 나누면 경차를 얻는다. 이[경차]에서 푯말에서 먼저 물러난 거리를 빼서 얻은 부진을 법이라고 하자. 푯말에서 나중에 물러난 거리를 놓고, 이에서 푯말에서 먼저 물러난 거리를 뺀 나머지에 입삭을 곱하여 실이라고 하자. 실을 법으로 나누면 마을의 한 변을 얻는다「주: 신 순풍 등은 이 해법을 신중하게 살핍니다. 입삭을 놓고 푯말에서 나중에 물러난 거리를 곱하면 1,812자를 얻는다. 두 푯말의 사이의 거리로 이를 나누면 3장 2치를 얻는데, 이를 경차라고 하자. 이에서 푯말에서 먼저 물러난 거리를 뺀 나머지 2치를 법이라고 하자. 푯말에서 먼저 물러난 거리와 나중에 물러난 거리를 서로 뺀 나머지에 입삭을 곱하면 1,132자 5치를 얻는데, 이를 실이라고 하자, 이를 법으로 나누면 5,662자와 부진 2분의 1을 얻는다. 이법[里法, 1리＝300보＝1800자]으로 이를 환산하면 3리와 부진[262.5자]를 얻는다. 보법[步法, 1보＝6자]으로 이를 환산하면 43보와 부진[4.5자＝$4\frac{1}{2}$자]을 얻는다. 4에 분모를 곱하고 분자 1을 더하면 9를 얻는다. 분모에 6에 곱하면 12를 얻고, 3으로 분모를 나누면 4를 얻고 분자를 나누면 3을 얻는다. 곧 마을의 한 변은 3리 43과 4분의 3보이다.」

마을과 푯말 사이의 거리를 구하기 위해서, 푯말에서 나중에 물러난 거리를 놓는다. 이에서 경차를 뺀 나머지를 푯말에서 먼저 물러난 거리를 곱하여 실이라고 하자. 실을 법으로 나누면 마을과 푯말 사이의 거리를 얻는다.「주: 신 순풍 등은 이 해법을 신중하게 살핍니다. 푯말에서 나중에 물러난 거리를 놓고, 이에서 경차를 뺀 나머지의 자수에 푯말에서 먼저 물러난 거리를 곱하면 1,494자를 얻는데, 이를 실이라고 하자. 이를 법[0.2자]으로 나누면 7,470자를 얻는다. 이를 보리법[步里法, 1리＝1800자]으로 환산하면

4리와 부진 270자를 얻는다. 이를 보법으로 환산하면 45보를 얻는다. 곧 이것이 마을과 푯말 사이의 거리 4리 45보이다.」

術曰 以入索乘後去表 以兩表相去除之 所得爲景差 以前去表減之不盡 以爲法 置後去表 以前去表減之 餘 以乘入索爲實 實如法而一 得邑方「臣淳風等 謹按此術 置入索 乘後去表 得一千八百一十二尺 以兩表相去除之 得三丈二寸爲景差 以前去表減之 餘二寸 以爲法 前後相去表減之[13] 餘 以乘入索 得一萬一千三百二十五寸 爲實 以法 除之 得五千六百六十二尺 不盡二分尺之一 以里法除之 得三里 不盡尺 以步法除之 得四十三步 不盡四以分母乘之 內子一 得九 以分母乘六 得十二 以三約母得四 約子得三 卽得邑方三里四十三步四分步之三也」

求去表遠近者 置後去表 以景差減之 餘 以乘前去表 爲實 實如法而一 得邑去表「臣淳風等 謹按此術 置後去表 以景差尺數減之 餘尺 以乘前去表 得一千四百九十四尺 爲實 以法除之 得七千四百七十尺 以步里法除之 得四里 不盡二百七十尺 以步法除之 得四十五步 卽是邑去前表四里四十五步也」

☞ **역자 주**: 마을의 한 변을 구하는 해법을 다음과 같이 요약할 수 있다.

경차: $\dfrac{(\text{입삭})\times(\text{푯말에서 나중에 물러난 거리})}{(\text{두 푯말 사이의 거리})}$

$=22.65\times(13\times6+2)\div60=1812\div60=30.2(\text{자})$,

마을의 한 변: $\dfrac{(\text{입삭})\times(\text{푯말에서 물러난 거리의 차})}{(\text{경차})-(\text{푯말에서 먼저 물러난 거리})}$

$=22.65\times(13\times6+2)\div60=1812\div60=30.2(\text{자})$

$=[22.65\times(80-30)\}\div(30.2-30)$

$=1132.5\times0.2=5662.5(\text{자})$

$=3\text{리 } 262.5\text{자}=3\text{리 } 43\text{보 } 4.5\text{자}$

$=3\text{리 } 43\text{보 } \dfrac{9}{2}\text{자}=3\text{리 } 43\text{보 } \dfrac{9}{12}\text{보}=3\text{리 } 43\dfrac{3}{4}\text{보}$

또, 마을과 푯말 사이의 거리를 구하는 해법을 다음과 같이 요약할 수 있다.

13) '前後去表相減'이 더 적절한 표현으로 생각된다.

$$\frac{(\text{푯말에서 먼저 물러난 거리})\times\{(\text{푯말에서 나중에 물러난 거리})-(\text{경차})\}}{(\text{경차})-(\text{푯말에서 먼저 물러난 거리})}$$

$=\{30\times(80-30.2)\}\div(30.2-30)$

$=1494\div0.2=7470$(자)

=4리 270자=4리 45보

여기에서도 이순풍 등의 주석은 구체적인 계산을 시행한 것에 불과하다.

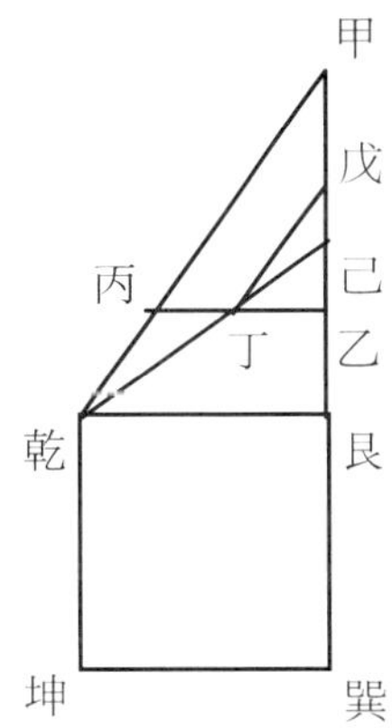

그림 해설 乾艮巽坤을 정사각형의 마을이라 하고, 乾艮은 정사각형 마을의 한 변이라고 하자. 乙은 동쪽 푯말이고, 丙은 서쪽 푯말이며, 乙丙은 이를 연결하는 줄로, 곧 두 푯말 사이의 거리라고 하자. 己乙은 먼저 물러난 거리이고, 甲乙는 나중에 물러난 거리라고 하자. 丁乙을 입삭이라 하고, [丁을 지나고 甲乾과 평행한 선이 甲乙과 만나는 점을 戊라고 할 때] 戊乙을 경차(景差)라고 하자. 甲己는 물러난 두 거리의 차이다. 드디어 세 직각 삼각형 甲艮乾과 甲乙丙과 戊乙丁은 서로 닮은 도형을 이룬다. [두 푯말을] 연결한 줄 乙丙과 입삭 丁乙의 비는 나중에 물러난 거리 甲乙과 경차 戊乙의 비와 같다. 경차 戊乙과 먼저 물러난 거리 己乙을 서로 뺀 나머지 戊己를 경차의 교라고 하자. 또 경차의 교 戊己와 입삭 丁乙의 비는 물러난 두 거리의 차 甲己와 정사각형 마을의 한 변 乾艮의 비와 같다. 이렇게 너비를 측정한다.

마을과 푯말 사이의 거리를 구하는데, 세 개의 닮은 직각 삼각형 안에서 戊己와 己乙의 비는 甲己와 己艮의 비와 같다. 구하는 바 乙艮은 곧 4율의 己艮에서 2율의 己乙을 뺀 수이다. 그러므로 나아가 3률의 甲己에서 1률의 戊己를 뺀 나머지 甲戊는 3률이 된다. 곧 4율로 얻는 乙艮이 마을과 푯말 사이의 거리이다. 항상 己乙을 2율이라 하고 戊己를 3률과 또 1률이라 하면, 곧 4율로 얻는 비는 반드시 己乙의 2율이다. 그러므로 甲己의 3률에서 戊己의 1률을 빼서 비례가 성립하도록 얻는 바 乙艮의 4율은 곧 己艮의 4율에서 己乙의 2율을 뺀 것이다. 이렇게 먼 거리를 측정한다.

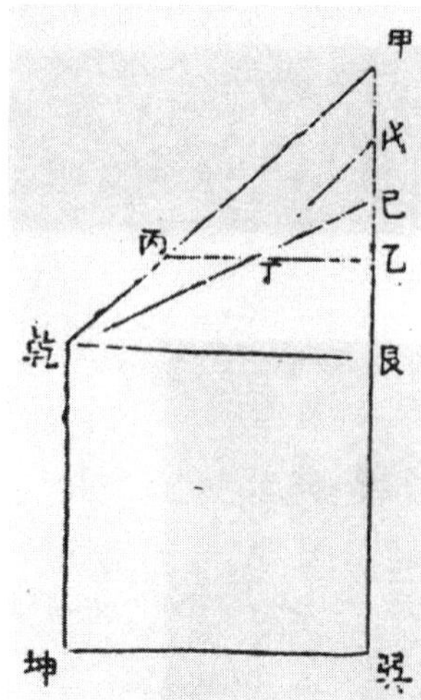

圖解曰 乾艮巽坤爲方邑 乾艮爲邑方之一邊 乙爲東表 丙爲西表 乙丙爲連索 卽兩表相去 己乙爲先卻行 甲乙爲後卻行 丁乙爲入索 戊乙爲景差 甲己爲兩卻行較 遂成甲艮乾甲乙丙戊乙丁三同式句股形 以乙丙連索與丁乙入索 若甲乙後卻行與戊乙景差 以戊乙景差與己乙先卻行相減 餘戊己 爲景差之較 又以戊己景差較與丁乙入索 若甲己卻行較與乾艮邑方之一邊也 此測廣也

求去表遠近者 三同式句股形內 以戊己與己乙 若甲己與己艮 而所求乙艮 卽四率己艮內減二率己乙之數 故就三率甲己內減一率戊己 餘甲戊爲三率 則所得四率卽是乙艮邑去表也 盖己乙爲二率 戊己爲三率 又爲一率 則所得四率必仍爲己乙二率 故甲己三率 內減戊己一率 以爲比例則所得乙艮四率 卽是己艮四率 內減己乙二率也 此測遠也

☞ **약해**: 그림 해설을 [보완하고] 기호를 이용해서 요약하면 다음과 같다.

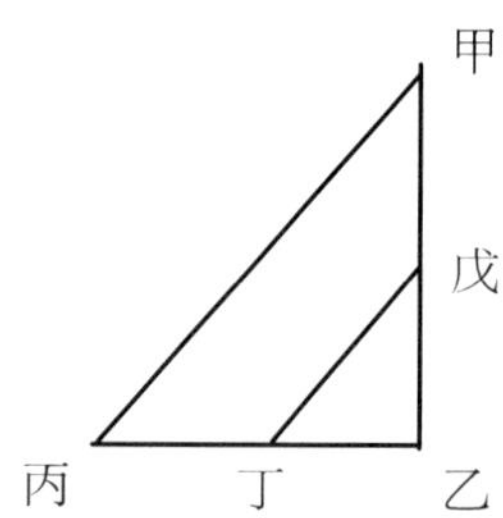

△甲乙丙∽△戊乙丁이므로 다음과 같이 경차 戊乙과 경차의 교 戊己를 얻는다.

乙丙 : 丁乙 = 甲乙 : 戊乙,

戊乙 = 丁乙 × 甲乙 ÷ 乙丙

= 22.65 × (13 × 6 + 2) ÷ 60 = 30.2(자),

戊己 = 戊乙 − 己乙 = 30.2 − (5 × 6) = 0.2(자)

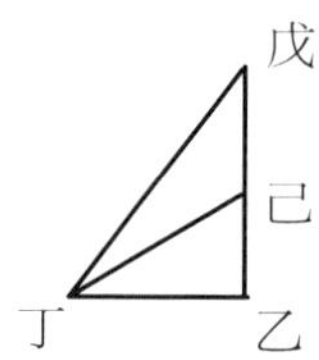

또, △甲艮乾∽△戊乙丁이고 △己丁乙∽△己乾艮이므로 다음과 같이 마을의 한 변 乾艮을 얻는다.

$$\frac{\text{戊乙}}{\text{丁乙}} = \frac{\text{甲艮}}{\text{乾艮}}, \quad \frac{\text{己乙}}{\text{丁乙}} = \frac{\text{己艮}}{\text{乾艮}} \quad \cdots\cdots \text{①}$$

$$\frac{\text{戊乙} - \text{己乙}}{\text{丁乙}} = \frac{\text{甲艮} - \text{己艮}}{\text{乾艮}},$$

$$\frac{\text{戊己}}{\text{丁乙}} = \frac{\text{甲己}}{\text{乾艮}} \quad \cdots\cdots \text{②}$$

乾艮＝丁乙×甲己÷戊己
＝22.65×(80－30)÷0.2
＝5662.5(자)＝943.75(보)=3리 $43\frac{3}{4}$ 보

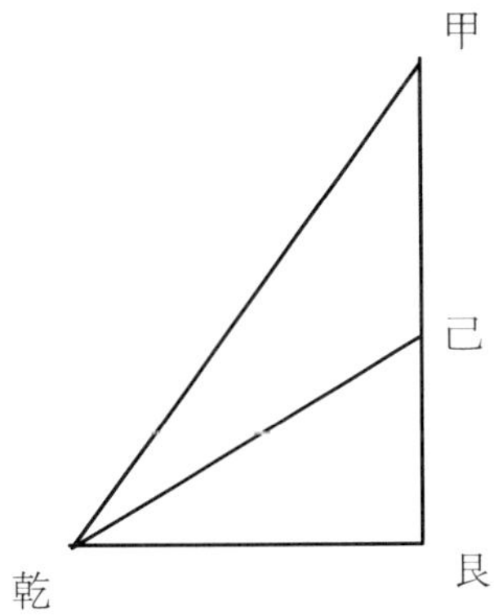

한편, 위에서 얻은 결과 ②와 ①에 의해 다음이 성립한다.

戊己 : 己乙＝甲己 : 己艮 …… ③

그러므로 다음과 같이 마을과 푯말 사이의 거리 乙艮을 구한다.

戊己 : 己乙＝(甲己－戊己) : (己艮－己乙)＝甲戊 : 乙艮 …… ④
乙艮＝己乙×甲戊÷戊己＝30×(50－0.2)÷0.2
＝7470(자)＝1245(보)＝4리 45보

그림 해설의 마지막 부분에서는 비례식 ③으로부터 비례식 ④를 유도하는 과정을 다음과 같이 설명하고 있다.

$a : b = c : d$ 일 때 $a : b = (c-a) : x$, 즉 $ax = b(c-a)$라고 하면,
$bc = ad$ 이므로 다음을 얻는다.
$ax = b(c-a) = bc - ba = ad - ba = a(d-b)$, $x = d-b$

【해도 4】 지금 깊은 골짜기를 바라보고 있다. 언덕 위에 곱자를 눕혀 놓는데, 위로 선 구[14]의 높이가 6자라고 한다. 구의 끝으로부터 골짜기 밑을 바라보면, 들어간 아래의 고[15]는 9자 1치이다. 〔즉, 시선은 아래의 고의 길이가 9자 1치 되는 지점을 지난다.〕 또 그 곱자와 3장의 간격을 두고 위쪽에 또 다른 곱자를 놓고, 다시 구의 끝으로부터 골짜기 밑을 바라보니 들어간 위의 고는 8자 5치이다. 골짜기의 깊이는 얼마인가?
今有望深谷 偃矩岸上 令句高六尺 從句端望谷底 入下股九尺一寸 又設重矩於上其矩間相去三丈 更從句端望谷底 入([16])股八尺五寸 問谷深幾何

14) 곱자의 짧은 변
15) 곱자의 긴 변
16) '上' 낙자

답 41장 9자
答曰 四十一丈九尺

해법 곱자 사이의 거리를 놓고, 이에 〔들어간〕 위의 고를 곱하여 실이라고 하자. 〔들어간〕 위의 고와 아래의 고를 서로 뺀 나머지를 법으로 하여 이를 나누어 얻는 바에서 구의 높이를 빼면 곧 골짜기의 깊이이다. 「주: 신 순풍 등은 이 해법을 살핍니다. 곱자 사이의 거리를 놓고, 이에 〔들어간〕 위의 고의 길이를 곱하여 실이라고 하자. 또 〔들어간〕 위와 아래의 고의 길이를 놓고 서로 뺀 나머지는 6치이다. 이를 법으로 하여 실을 나누어 얻는 수치를 한 자리 물린다. 이에서 구의 높이를 뺀 나머지는 41장 9자이다. 이것이 곧 골짜기의 깊이이다. 또 다른 방법은 두 곱자 사이의 거리를 놓고 이에 〔들어간〕 아래의 고를 곱하여 실이라고 하자. 〔들어간〕 위와 아래의 고의 길이를 놓고 서로 뺀 나머지는 6치이다, 이를 법으로 하여 이〔실〕를 나누면 455자를 얻는다. 구의 높이와 곱자 사이의 거리를 더하여 얻는 36자를 이에서 뺀 나머지를 한 자리 물린다. 이것이 곧 골짜기의 깊이이다.」

術曰 置矩間 以上股乘之 爲實 上下股相減 餘爲法 除之 所得 以句高減之 卽得谷深「臣淳風等 謹按此術 置矩間 上股乘之 爲實 又置上下股尺寸相減 餘六寸 以爲法 除實 得數 退位一等 以句高減之 餘四十一丈九尺 卽是谷深 又一法 置矩間 以下股乘之 爲實 置上下股尺數相減 餘六寸 以爲法 除之 得四百五十五尺 以句高倂矩間 得三十六尺 減之 餘 退位一等 卽是谷深也」

☞ **역자 주 1**: 골짜기의 깊이를 구하는 해법을 다음과 같이 요약할 수 있다.

$$\frac{(\text{곱자 사이의 거리})\times(\text{들어간 위의 고})}{(\text{들어간 위와 아래의 고의 차})}-(\text{구의 높이})$$

$$=30\times8.5\div(9.1-8.5)-6=255\div0.6-6=425-6=419(\text{자})=41\text{장 }9\text{자}$$

이순풍 등은 다음과 같은 별해를 추가했다.

$$\frac{(\text{곱자 사이의 거리})\times(\text{들어간 아래의 고})}{(\text{들어간 위와 아래의 고의 차})}-\{(\text{구의 높이})+(\text{곱자 사이의 거리})\}$$

$=30\times9.1\div(9.1-8.5)-(6+30)=273\div0.6-36=455-36$

$=419(\text{자})=41$장 9자

☞ **역자 주 2**: 앞에서 참조한 영문 『구장산술』에서는 이 문제에 대한 유휘의 해법을 다음과 같이 추측하고 있다.

오른쪽 그림에서 □TQAM과 그 대각선 MQ에 대해 □AI=□TI이고, □PDAM과 그 대각선 MD에 대해 □AG=□PG이다. 그러므로 다음을 얻는다.

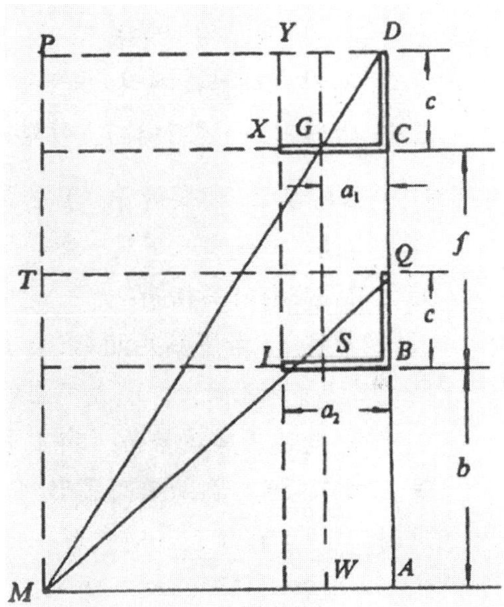

□WI=□AI−□AS
=□IT−□AS
=□PX−□AS
=(□PG−□GY)−□AS
=(□AG−□GY)−□AS
=(□AG−□AS)−□GY
=□GB−□GY,

$$b(a_2-a_1)=fa_1-c(a_2-a_1),$$

$$b=\frac{fa_1}{a_2-a_1}-c$$

그림 해설 甲乙은 골짜기의 깊이로 癸丙과 같고, 丁甲은 아래 곱자의 구의 높이이며, 甲戊는 들어간 아래의 고라고 하자. 庚辛은 위 곱자의 구의 높이로 두 구의 높이는 서로 같으며, 辛壬은 들어간 위의 고로 甲己와 같다고 하자. 辛甲은 두 곱자 사이의 거리로 庚丁과 같고, 戊己는 위와 아래의 들어간 고의 차이다. 드디어 네 직각 삼각형 丁乙丙과 丁

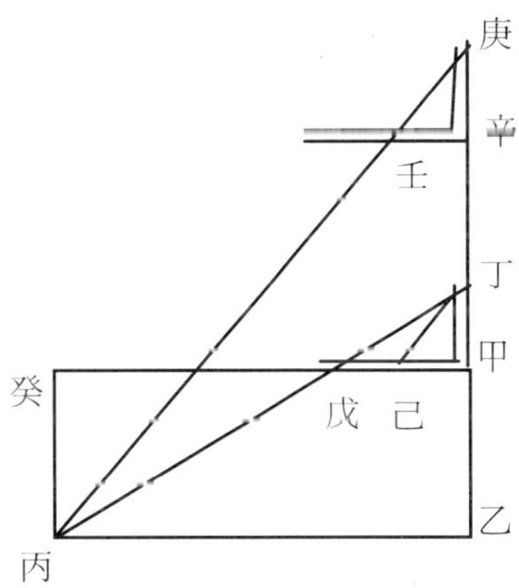

甲戊 및 庚乙丙과 庚辛壬「주: 丁甲己와 합동」은 둘씩 서로 닮은 도형이다. 또 두 삼각형 庚丙丁과 戊丁己는 서로 닮은 도형이다.[17] 들어간 두 고의 차 戊己와 들어간 위의 고 甲己의 비는 두 곱자의 사이 庚丁과 구의 끝에서 골짜기 밑까지 丁乙의 비와 같다. 이〔丁乙〕에서 구의 높이 丁甲을 뺀 나머지 甲乙은 곧 골짜기의 깊이이다.

다른 방법으로, 둘씩 서로 닮은 직각 삼각형에서 戊己와 戊甲의 비는 庚丁과 庚乙의 비가 같다. 이렇게 얻은 庚乙에서 구의 높이 庚辛과 곱자 사이의 거리 辛甲을 서로 더한 합 庚甲을 뺀 나머지 甲乙은 골짜기의 깊이이다. 이렇게 깊이를 측정한다.

圖解曰 甲乙爲谷深 與癸丙等 丁甲爲下矩之句高 甲戊爲入下股 庚辛爲上矩之句高 兩句高相等 辛壬爲入上股 與甲己等 辛甲爲矩間 與庚丁等 戊己爲上下入股之較 遂成丁乙丙與丁甲戊 庚乙丙與庚辛壬「與丁甲己等」四句股形 爲兩兩同式形 而又庚丙丁甲[18]戊丁己爲同式形 以戊己兩入股較 與甲己入上股 若庚丁矩間 與丁乙自句端至谷底 乃減丁甲句高 餘甲乙 卽得谷深也

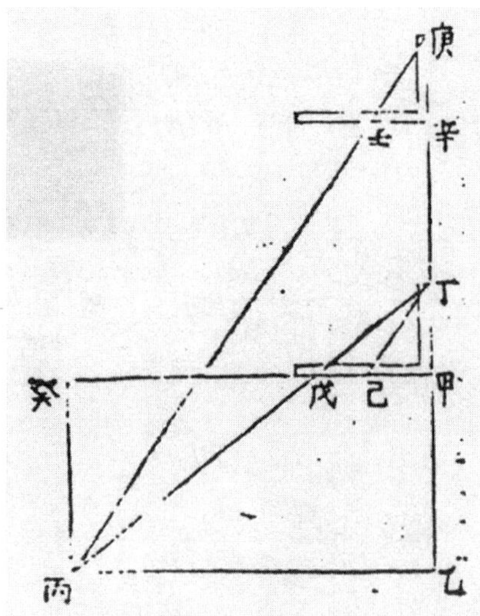

又法 兩兩同式句股形內 以戊己與戊甲 若庚丁與庚乙 所得庚乙 內減庚辛句高及辛甲矩間相倂之庚甲 餘甲乙爲谷深也 此測深也

☞ **약해**: 그림 해설을 [보완하고] 기호를 이용해서 요약하면 다음과 같다.

첫째 풀이에서 '△庚丙丁∽△戊丁己'라는 진술은 참이 아니지만, 그 앞에서 관찰한 사실 '△丁乙丙∽△丁甲戊, △庚乙丙∽△庚辛壬≡△丁甲己'로부터 비

---

17) 이는 잘못된 진술이다. 왜냐하면 같은 평면에서 ∠丁戊己≠∠己丁甲(=∠丙庚丁)이기 때문이다.

18) 여기의 '甲'은 削除해야 함.

례식 '戊己 : 甲己＝庚丁 : 丁乙'을 다음과 같이 유도할 수 있다.

$$\triangle 丁甲戊 \backsim \triangle 丁乙丙 \Rightarrow \frac{戊甲}{丁甲} = \frac{丙乙}{丁乙} \quad \cdots\cdots ①$$

$$\triangle 丁甲己 \backsim \triangle 庚乙丙 \Rightarrow \frac{丁甲}{甲己} = \frac{庚乙}{丙乙} \quad \cdots\cdots ②$$

[이제, 식 ①과 ②를 변끼리 곱하고 각 변에서 1을 빼면 다음을 얻는다.]

$$\frac{戊甲}{甲己} = \frac{庚乙}{丁乙} \Rightarrow \frac{戊甲}{甲己} - \frac{甲己}{甲己} = \frac{庚乙}{丁乙} - \frac{丁乙}{丁乙}$$

$$\Rightarrow \frac{戊己}{甲己} = \frac{庚丁}{丁乙} \Rightarrow 戊己 : 甲己 = 庚丁 : 丁乙$$

이렇게 얻은 丁乙에서 丁甲을 뺀 나머지 甲乙이 구하는 골짜기의 깊이이다. 즉, 다음과 같다.

$$\begin{aligned} 甲乙 &= 丁乙 - 丁甲 = 甲己 \times 庚丁 \div 戊己 - 丁甲 \\ &= 8.5 \times 30 \div 0.6 - 6 = 425 - 6 = 419(\text{자}) = 41\text{장 } 9\text{자} \end{aligned}$$

한편, 둘째 풀이에서 비례식 '戊己 : 戊甲＝庚丁 : 庚乙'은, 첫째 풀이에서 얻는 비례식 '戊己 : 甲己＝庚丁 : 丁乙'로부터 다음과 같은 과정을 거쳐 유도할 수 있다.

$$\begin{aligned} 戊己 : 甲己 = 庚丁 : 丁乙 &\Rightarrow \frac{甲己}{戊己} = \frac{丁乙}{庚丁} \\ &\Rightarrow \frac{甲己}{戊己} + \frac{戊己}{戊己} = \frac{丁乙}{庚丁} + \frac{庚丁}{庚丁} \\ &\Rightarrow \frac{戊甲}{戊己} = \frac{庚乙}{庚丁} \Rightarrow \frac{戊己}{戊甲} = \frac{庚丁}{庚乙} \\ &\Rightarrow 戊己 : 戊甲 = 庚丁 : 庚乙 \end{aligned}$$

이렇게 얻은 庚乙에서 庚甲(＝庚辛＋辛甲)을 뺀 나머지 甲乙이 구하는 골짜기의 깊이이다. 즉, 다음과 같다.

$$\begin{aligned} 甲乙 &= 庚乙 - 庚甲 = 戊甲 \times 庚丁 \div 戊己 - 庚甲 \\ &= 9.1 \times 30 \div 0.6 - (6+30) = 455 - 36 = 419(\text{자}) = 41\text{장 } 9\text{자} \end{aligned}$$

【해도 5】 지금 산에 올라가서 누대를 바라보고 있는데, 누대는 평지 위에 있다. 산 위의 곱자를 눕혀 놓는데, 위로 선 구의 높이가 6자라고 한

다. 구의 끝으로부터 비스듬히 누대의 밑을 바라보면, 들어간 아래의 고는 1장 2자이다. 또 그 곱자와 3장의 간격을 두고 위쪽에 또 다른 곱자를 놓는다. 다시 구의 끝으로부터 비스듬히 누대의 밑을 바라보면, 들어간 위의 고는 1장 1자 4치이다. 또다시 들어간 고와 만나는 곳에〔즉, 시선이 위의 고를 지나는 곳에〕작은 푯말을 세우고 다시 구의 끝으로부터 비스듬히 누대의 꼭대기를 바라보면, 들어간 작은 푯말은 8치이다.〔즉, 시선은 작은 푯말의 높이가 8치인 지점을 지난다.〕누대는 얼마인가?「주: '고'(高) 자가 빠진 것으로 생각된다. 즉, 누대의 높이를 물어야 한다.」

今有登山望樓 樓在平地 偃矩山上 令句高六尺 從句端斜望樓足 入下股一丈二尺 又設重矩於上 令其間相去三丈 更從句端斜望樓足 入上股一丈一尺四寸 又立小表於入股之會 復從句端斜望樓岑端 入小表八寸 問樓「按似脫高字」幾何

답〔누대의〕높이 8장

答曰 高八丈

해법 위와 아래의〔들어간〕고를 서로 뺀 나머지를 법이라고 하자. 두 곡자 사이의 거리를 놓고 이에〔들어간〕아래의 고를 곱하며 구의 높이로 나누어 얻은 바에 들어간 작은 푯말을 곱하여 실이라고 하자. 실을 법으로 나누면, 이것이 곧 누대의 높이이다.「주: 신 순풍 등은 이 해법을 신중하게 살핍니다.〔들어간〕아래의 고를 놓고〔들어간〕위의 고로 서로 뺀 나머지는 6치인데, 이를 법으로 한다. 또 곱자의 사이의 거리를 놓고 이에〔들어간〕아래의 고를 곱하면 36,000치를 얻으며 구의 높이 6자로 이를 나누면 600치를 얻는다. 이에 들어간 작은 푯말을 곱하면 4,800치를 얻는다. 이를 법으로 나누면 800치를 얻고 한 자리 물리면, 이는 곧 누대의 높이 8장이다.」

術曰 上下股相減 餘爲法 置矩間 以下股乘之 如句高而一 所得 以入小表乘之 爲實 實如法而一 卽是樓高「臣淳風等 謹按此術 置下股 以上股相減 餘六寸 以爲法 又置矩間 以下股乘之 得三萬六千寸 以句高六尺除之 得六百寸 以入小表乘之 得四千八百寸 以法除之 得八百寸

退位一等 卽是樓高八丈也」

☞ **역자 주**: 누대의 높이를 구하는 해법을 다음과 같이 요약할 수 있다.

$$\frac{\dfrac{(\text{두 곱자 사이의 거리})\times(\text{들어간 아래의 고})}{(\text{구의 높이})}\times(\text{들어간 작은 푯말})}{(\text{위와 아래의 들어간 고의 차})}$$

$$=\frac{\dfrac{300\times 120}{60}\times 8}{120-114}=\frac{\dfrac{36000}{60}\times 8}{6}=\frac{600\times 8}{6}=\frac{4800}{6}=800(\text{치})$$

$=800(\text{치})=80\text{자}=8\text{장}$

아래의 그림 해설은 위의 해법을 다음과 같이 두 단계로 나누었다.

(위 구의 끝에서 누대의 밑까지의 수직 거리)

$$=\frac{(\text{두 곡자 사이의 거리})\times(\text{들어간 아래의 고})}{(\text{위와 아래의 들이긴 고의 차})},$$

(누대의 높이)

$$=\frac{(\text{위 구의 끝에서 누대의 밑까지의 수직 거리})\times(\text{들어간 작은 푯말})}{(\text{구의 높이})}$$

그림 해설 甲乙은 누대의 높이이고, 丙丁은 아래 곱자의 구의 높이이며, 戊丁은 들어간 아래의 고라고 하자. 庚辛은 위 곱자의 구의 높이이며, 두 구의 높이는 서로 같다. 辛丁는 두 곱자 사이의 거리로 庚丙과 같고, 壬辛은 들어간 위의 고로 丁己와 같으며, 戊己는 위와 아래의 들어간 고의 차이다. 癸壬은 작은 푯말이고 子壬은 들어간 작은 표 말이라고 하자. 드디어 네 개의 직각 삼각형 丙丑乙과 丙丁戊 및 庚丑乙과 庚辛壬「주: 丙丁己와 합동」은 둘씩 서로

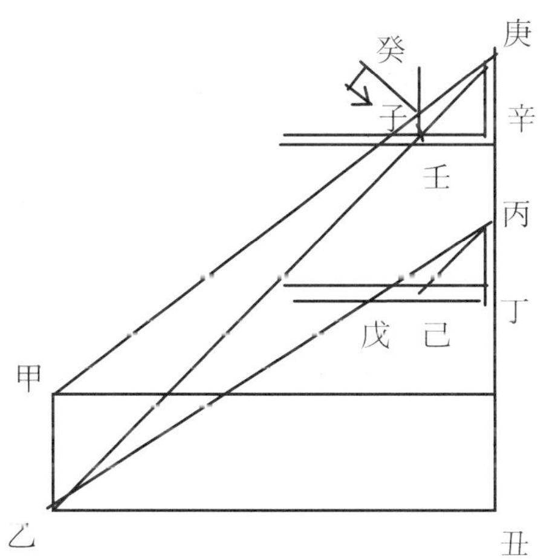

닮은 도형이다. 또 두 삼각형 甲庚乙과 子庚壬도 서로 닮은 도형이다. 〔들어간〕 두 고의 차 戊己와 들어간 아래의 고 戊丁의 비는 두 곱자 사이의 거리 庚丙「주: 辛丁과 서로 같음」과 위 곱자의 구의 끝에서 누대의 밑까지인 庚丑의 비와 서로 같다. 또 구의 높이 庚辛과 들어간 작은 푯말 子壬의 비는 〔위 곱자의〕 구의 끝에서 누대의 밑까지인 庚丑과 누대의 높이 甲乙의 비는 서로 같다. 이렇게 깊이를 측정한다.

원래의 해법은 제1비례의 1률 戊己와 제2비례의 1률 庚辛을 서로 바꾸어 1률로 하여 4율 甲乙을 얻는데, 그렇게 얻는 수는 곧 서로 같다. 이렇게 구고의 비례를 논하면, 원리가 분명하지 않다.

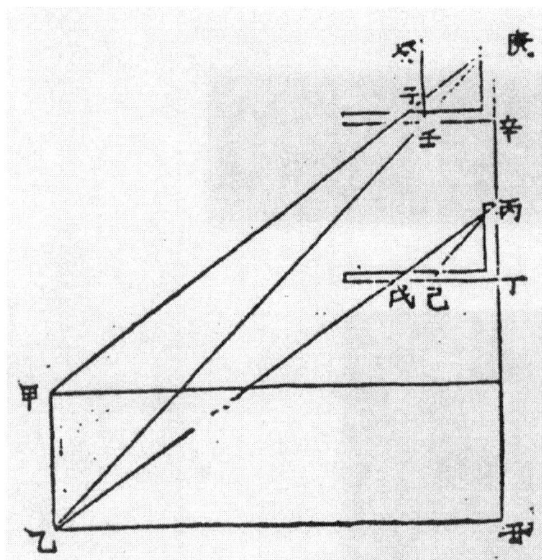

圖解曰 甲乙爲樓高 丙丁爲下矩之句高 戊丁爲入下股 庚辛爲上矩之句高 兩句高相等 辛丁爲矩間 與庚丙等 壬辛爲入上股 與丁己等 戊己爲上下入股之較 癸壬爲小表 子壬爲入小表 遂成丙丑乙與丙丁戊 庚丑乙與庚辛壬 「與丙丁己等」 四句(19))形爲兩兩同式形 而又甲庚乙與子庚壬爲同式形 以戊己兩股較 與戊丁入下股 若庚丙矩間 「與辛丁等」 與庚丑自上矩句端至樓足之高 又以庚辛句高 與子壬入小表 若庚丑自句端至樓足 與甲乙樓高也 此測深也

原術 以第一比例之一率戊己 與第二比例之一率庚辛 互換爲一率 求得四率甲乙 其得數則一也 而論其句股比例 則理不詳明也

☞ **약해**: 그림 해설을 [보완하고] 기호를 이용해서 요약하면 다음과 같다.

△丙丑乙∽△丙丁戊이고 △庚丑乙∽△庚辛壬[≡△丙丁己]이므로,
([해도 4]의 둘째 풀이에서 얻은 바와 같이) 다음이 성립한다.

19) '股' 落字

戊己 : 戊丁 = 庚丙 : 庚丑 …… ①

이 비례식을 이용해서 庚丑을 계산하면 다음과 같다.

庚丑 = 戊丁 × 庚丙 ÷ 戊己 = 12 × 30 ÷ 0.6 = 600(자)]

△甲庚乙∽△子庚壬이므로 [庚壬/子壬 = 庚乙/甲乙이고,
△庚丑乙∽△庚辛壬이므로 庚辛/庚壬 = 庚丑/庚乙이다. 그러므로
두 비례식을 번끼리 곱해서] 다음을 얻는다.

庚辛/子壬 = 庚丑/甲乙, 즉 庚辛 : 子壬 = 庚丑 : 甲乙 …… ②

이 비례식을 이용해서 甲乙을 계산하면 다음과 같다.

甲乙 = 子壬 × 庚丑 ÷ 庚辛 = 0.8 × 600 ÷ 6 = 80(자) = 8장

한편, 남원상은 원래 유휘의 해법이 다음과 같이 비례식 ①과 ②의 1률을 서로 바꾸고 甲乙을 구했다고 이해[또는 오해]한 것으로 보인다.

$$① \rightarrow 庚辛 : 戊丁 = 庚丙 : 庚丑 \quad \Rightarrow \quad 庚丑 = \frac{戊丁 \times 庚丙}{庚辛},$$

$$② \rightarrow 戊己 : 子壬 = 庚丑 : 甲乙 \quad \Rightarrow \quad 甲乙 = \frac{子壬 \times 庚丑}{戊己},$$

$$즉,\ 甲乙 = \frac{\frac{戊丁 \times 庚丙}{庚辛} \times 子壬}{戊己}$$

【해도 6】 지금 동남쪽의 강어귀를 바라보고 있다. 남과 북에 9장의 거리를 두고 2개의 푯말을 세우고, 땅 바닥에서 이를 줄로 잇는다. 마땅히 북쪽 푯말의 서쪽으로 푯말에서 6장만큼 물러나서, 땅 바닥에서 강어귀의 남쪽 연안을 멀리 바라보면, 북쪽 끝에서의 입삭이 4장 2치이다. 〔즉, 시선은 줄의 북쪽 끝으로부터 4장 2치만큼 들어간 지점을 지난다.〕 〔같은 위치에서〕 북쪽 연안을 바라보면, 앞에서 지난 곳보다 안쪽으로〔북쪽으로〕 1장 2자만큼 들어간 곳을 지난다. 또 나중에 〔북쪽〕 푯말로부터 13장 5자만큼 물러나서, 땅 바닥에서 강어귀의 남쪽 연안을 멀리 바라보면 남쪽 푯말과 더불어 가지런히 합치한다. 강어귀의 너비는 얼마인가?

今有東南望波口 立兩表南北相去九丈 以索薄地連之 當北表之西卻行去表六丈 薄地遙望波口南岸 入索北端四丈二寸 以望北岸 入前所望表裏一丈二尺

又卻後行去表十三丈五尺 薄地遙望波口南岸 與南表參合 問波口廣幾何

답 1리 200보
答曰 一里二百步

해법 푯말에서 나중에 물러난 거리를 입삭에 곱하고, 두 푯말 사이의 거리로 나눈다. 이렇게 얻는 바에서 푯말에서 먼저 물러난 거리를 뺀 나머지를 법이라고 하자. 다시 푯말에서 나중에 물러난 거리에서 먼저 물러난 거리를 뺀 나머지를 〔입삭보다〕 안쪽으로 더 들어간 거리에 곱하여 실이라고 하자. 실을 법으로 나누면, 강어귀의 너비를 얻는다. 「주: 신 순풍 등은 이 해법을 신중하게 살핍니다. 푯말에서 나중에 물러난 거리를 놓고 입삭 402치에 곱하면 542,700치를 얻는다. 이를 두 푯말 사이의 거리로 나누면 603치를 얻는다. 또 이에서 푯말에서 먼저 물러난 거리 600치를 뺀 나머지는 3치인데, 이를 법이라고 하자. 또다시 푯말에서 먼저 물러난 거리와 나중에 물러난 거리를 놓고 서로 뺀 나머지를 〔입삭보다〕 안쪽으로 더 들어간 거리 120치에 곱하면 90,000치를 얻는다. 이를 법으로 나누면 30,000치를 얻는데, 이를 실이라고 하자. 보리법〔1리＝300보＝1800자＝18000치〕으로 이를 환산하면 1리와 나머지〔12000치〕를 얻는다. 보법〔1보＝6자＝60치〕으로 이를 환산하면 200보를 얻는데, 이것이 곧 강어귀의 너비 1리 200보이다.」

術曰 以後去表乘入索 以表相去而一 所得 以前去表減之 餘以爲法 復以前去表減後去表 餘以乘入所望表裏爲實 實如法而一 得波口廣「臣淳風等 謹按此術 置後去表 以乘入索四百二寸 得五十四萬二千七百寸 以兩表相去除之 得六百三寸 又以前去表六百寸減之 餘有三寸爲法 又置前後卻行去表寸數相減 餘以乘入望表裏一百二十寸 得九萬寸 以法除之 得三萬寸爲實 以步里法除之 得一里餘 以步法除之 得二百步 則是波口廣一里二百步也」

☞ **역자** 주: 강어귀의 너비를 구하는 해법을 다음과 같이 요약할 수 있다.

경차: $\dfrac{(\text{푯말에서 나중에 물러난 거리})\times(\text{입삭})}{(\text{두 푯말 사이의 거리})}$

$=1350\times402\div750=542700\div900=603$(치),

경차의 교:

(경차)−(푯말에서 먼저 물러난 거리)$=603-600=3$(치),

강어귀의 너비:

$\dfrac{(\text{푯말에서 물러난 거리의 차})\times(\text{입삭보다 안쪽으로 더 들어간 거리})}{(\text{경차의 교})}$

$=(1350-600)\times120\div3=90000\div3=30000$(치)

$=1$리 12000치$=1$리 200보

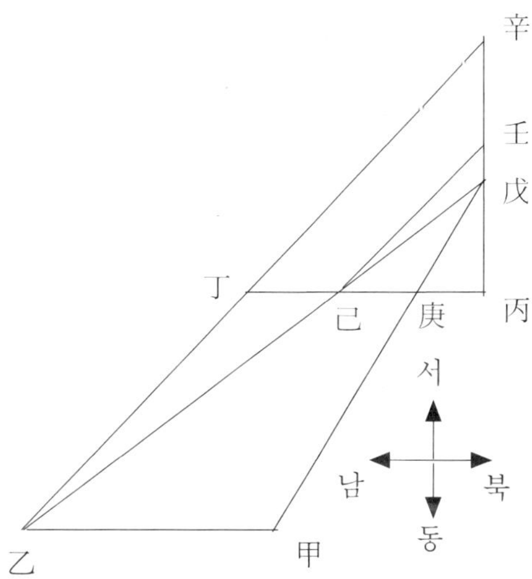

그림 해설 甲乙은 강어귀의 너비이고, 丙은 북쪽 푯말이며, 丁은 남쪽 푯말이고, 丙丁은 이를 이은 줄, 곧 두 푯말 사이의 거리라고 하자. 戊丙은 먼저 〔북쪽〕 푯말에서 물러난 거리이고 辛丙은 나중에 푯말에서 물러난 거리라고 하자. 己丙은 입삭이고 庚己는 안쪽으로 더 들어간 거리라고 하자. 〔己를 지나고 乙辛과 평행인 직선이 丙辛과 만나는 점을 壬이라 할 때〕 壬丙은 경차이고, 辛戊는 물러난 두 거리의 차이다. 드디어 두 직각 삼각형 辛丙丁과 壬丙己는 서로 닮은 도형이다. 또 두 사변형 壬戊庚己는 辛戊甲乙과 서로 닮은 도형이 다. 잇는 줄 丁丙과 입삭 丙己의 비는 나중에 푯말에서 물러난 거리 辛丙과 경차 壬丙의 비가 서로 같다. 경차 壬丙에서 먼저 표에서 물러난 거리 戊丙을 뺀 나머지 壬戊를 경차의 교라고 하자. 또 경차의 교 壬戊와 더 안쪽으로 들어간 거리 庚己의 비는 물러난 두 거리의 차 辛戊와 강어귀의 너비 甲乙의 비와 같다. 이렇게 너비를 측정한다.

圖解曰 甲乙爲波口廣 丙爲北表 丁爲南表 丙丁爲連索 卽表相去 戊丙爲前去表卻行 辛丙爲後去表卻行 己丙爲入索 庚己爲入所望表裏 壬丙爲景差 辛戊爲兩卻行較 遂成辛丙丁壬丙己同式句股形 而又壬戊庚己與辛戊甲乙爲同式四邊形 以丁丙連索與丙己入索 若辛丙後卻行 與壬丙景差 以壬丙景差與辛20) 丙前卻行 相減 餘壬戊 爲景差之較 又以壬戊景差較 與庚己入所望表裏 若辛戊卻行較與甲乙波口廣也 此測廣也

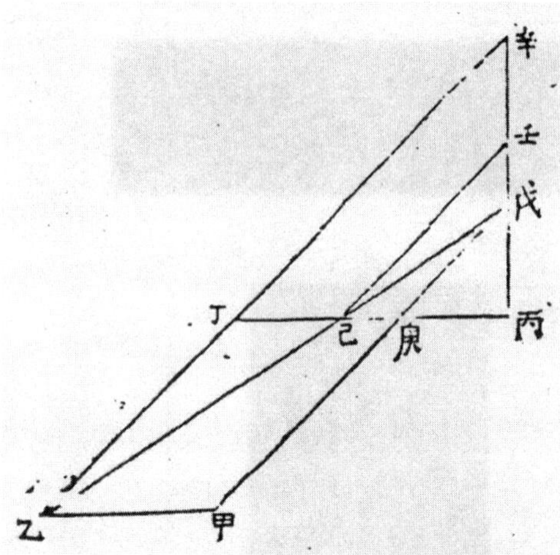

☞ **약해**: 그림 해설을 [보완하고] 기호를 이용해서 요약하면 다음과 같다.

辛乙//壬己이므로 △辛丙丁∽△壬丙己이고, 다음과 같이 경차 壬丙과 경차의 교 壬戊를 얻는다.

丁丙 : 己丙＝辛丙 : 壬丙 …… ①

壬丙＝己丙×辛丙÷丁丙＝40.2×135÷90＝60.3(자)

그리고 壬戊＝壬丙－戊丙＝60.3－60＝0.3(자)이다.

한편, □壬戊庚己∽□辛戊甲乙이다. [왜냐하면 우선 대응하는 네 각의 크기가 서로 같다. 또 辛乙//壬己이므로 △戊壬己∽△戊辛乙이고, 甲乙//丙丁이므로 △戊己庚∽△戊乙甲이다. 이에 따라 다음이 성립한다.

$$\frac{壬戊}{辛戊}=\frac{壬己}{辛乙}\left(=\frac{戊己}{戊乙}\right)=\frac{戊庚}{戊甲}=\frac{庚己}{甲乙}$$

즉, 대응하는 변의 길이의 비가 서로 같다.]

그러므로 다음과 같이 강어귀의 너비 甲乙을 얻는다.

壬戊 : 庚己＝辛戊 : 甲乙

20) 辛은 戊의 오기

甲乙＝庚己×辛戊÷壬戊＝12×75÷0.3
＝3,000(자)＝500보＝1리 200보

【해도 7】 지금 맑은 연못을 바라보고 있는데, 연못 아래에 흰 돌이 있다. 낭떠러지 위에 곱자를 눕혀 놓는데, 위로 선 구의 높이가 3자라고 한다. 비스듬히 물 언덕을 바라보면 들어간 아래의 고가 4자 5치이고, 흰 돌을 바라보면 들어간 아래의 고가 2자 4치이다. 또 그 곱자와 4자의 간격을 두고 위쪽에 또 다른 곱자를 놓는다. 다시 구의 끝으로부터 비스듬히 물 언덕을 바라보면 들어간 위의 고가 4자이고, 흰 돌을 바라보면 들어간 위의 고가 2자 2치이다. 물의 깊이는 얼마인가?
今有望清淵 淵下有白石 偃矩岸上 令句高三尺 斜望水岸 入下股四尺五寸 望白石 入下股二尺四寸 又設重矩於上其間相去四尺 更從句端斜望水岸 入上股四尺 以望白石 入上股二尺二寸 問水深幾何

답 1장 2자
答曰 一丈二尺

해법 물 언덕을 바라볼 때 〔들어간〕 위와 아래 고를 놓고 서로 뺀 나머지를 흰 돌을 바라볼 때 〔들어간〕 위의 고에 곱하여 상률이라고 하자. 또 흰 돌을 바라볼 때 〔들어간〕 위와 아래 고를 놓고 서로 뺀 나머지를 물 언덕을 바라볼 때 〔들어간〕 위의 고에 곱하여 하율이라고 하자. 두 율을 서로 뺀 나머지를 곱자 사이의 거리에 곱하여 실이라고 하자. 두 차를 서로 곱하여 법이라 하고, 실을 법으로 나누면 물의 깊이를 얻는다 「주: 신 순풍 등은 이 해법을 신중하게 살핍니다. 물 언덕을 바라볼 때 위와 아래 고를 뺀 나머지는 5치이다. 이에 흰 돌을 바라볼 때 위의 고 22치에 곱하면 110치를 얻는데, 이것이 곧 상률이다. 또 흰 돌을 바라볼 때의 위의 고를 놓고 흰 돌을 바라볼 때의 아래의 고에서 뺀 나머지는 2치이다. 이에 물 언덕을 바라볼 때의 위의 고 40치를 곱하면 80치를 얻는데, 이것이 곧 하율이다. 두 율을 서로 뺀 나머지는 30치이다. 이에 곱자 사이의 거리 40치로 곱하여 얻은 1,200치를 실이라고 하자. 또 두 차 2와 5를 서로 곱하여 얻은 10을 법이라고 하자. 실을 나누고 두 자리 물리면, 이는 곧 물의 깊이 1장 2자이다.」

術曰 置望水上下股 相減 餘 以乘望石上股 爲上率 又以望石上下股 相減 餘 以乘望水上股 爲下率 兩率相減 餘 以乘矩間 爲實 以二差相乘 爲法 實如法而一 得水深「臣淳風等 謹按此術 以望水上下股 相減 餘五寸 以乘望石上股二十二寸 得一百一十寸 卽是上率 又置望石上股 減望石下股 餘有二寸 以乘望水上股四十寸 得八十寸 卽是下率 二率相減 餘有三十寸 以乘矩間四十寸 得一千二百寸 爲實 又以二差二五 相乘 得十 爲法 除實 退位二等 卽是水深一丈二尺也」

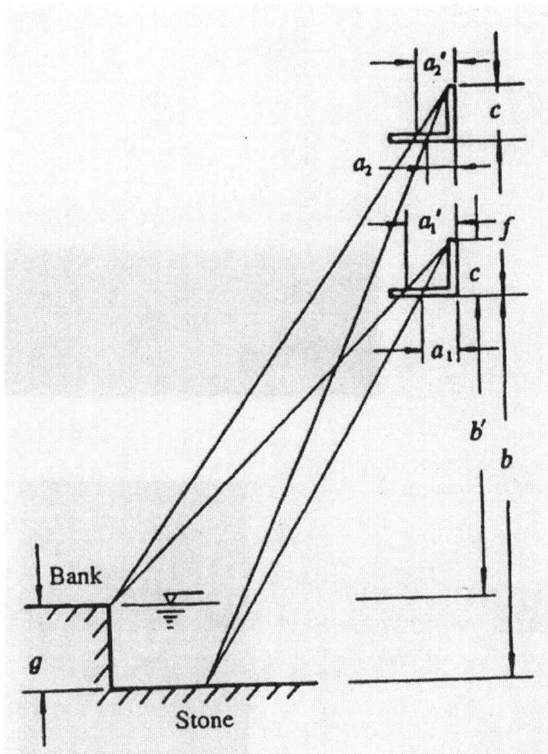

☞ **역자 주 1**: 물의 깊이를 구하는 해법을 앞에서 참조한 영문 『구장산술』(p. 553)에 있는 위의 그림의 기호를 이용해서 다음과 같이 요약할 수 있다.

$$g=\frac{\{(a_1{}'-a_2{}')a_2-(a_1-a_2)a_2{}'\}f}{(a_1-a_2)(a_1{}'-a_2{}')}$$

$$=\frac{\{(45-40)\times22-(24-22)\times40\}\times40}{(45-40)\times(24-22)}$$

$$=\frac{(5\times22-2\times40)\times40}{5\times2}=\frac{(110-80)\times40}{10}=\frac{30\times40}{10}=\frac{1200}{10}$$

=120(치)=12자=1장 2자

위의 공식을 얻은 과정을 다음과 같이 역으로 추적할 수 있다.

$$g=\frac{\{a_2(a_1{}'-a_2{}')-a_2{}'(a_1-a_2)\}f}{(a_1-a_2)(a_1{}'-a_2{}')}$$

$$=\frac{a_2(a_1{}'-a_2{}')f}{(a_1-a_2)(a_1{}'-a_2{}')}-\frac{a_2{}'(a_1-a_2)f}{(a_1-a_2)(a_1{}'-a_2{}')}$$

$$=\frac{a_2f}{a_1-a_2}-\frac{a_2{}'f}{a_1{}'-a_2{}'}$$

$$=\left(\frac{a_2f}{a_1-a_2}-c\right)-\left(\frac{a_2{}'f}{a_1{}'-a_2{}'}-c\right)=b-b'$$

그러므로 유휘의 이 공식은 [해도 4]의 역자 주 2에서 소개한 골짜기의 깊이를 구하는 공식을 두 번 이용한 것이다. 아래의 그림 해설과 약해 1에서는 [해도 4]의 해법을 적용해서 아래 곱자의 끝부터 물 언덕과 흰 돌까지의 수직 거리를 각각 먼저 구하고 그 차로 물의 깊이를 구하고 있다. 그리고 유휘의 합체된 공식을 구하는 과정도 설명하고 있다.

별해 물 언덕을 바라볼 때의 위와 아래의 고 및 흰 돌을 바라볼 때의 위와 아래 고를 놓고, 서로 뺀 나머지를 더하여 법이라고 하자. 흰 돌을 바라볼 때의 아래의 고를 물 언덕을 바라볼 때의 아래의 고에서 뺀 나머지를 곱자 사이의 거리에 곱하여 실이라고 하자. 실을 법으로 나누면 물의 깊이를 얻는다. 「주: 별해는 물 언덕을 바라볼 때의 위의 고를 놓고 이를 물 언덕을 바라볼 때의 아래의 고에서 빼면 나머지는 5치이다. 흰 돌을 바라볼 때의 아래의 고를 놓고 이에서 흰 돌을 바라볼 때의 위의 고를 뺀 나머지는 2치이다. 이를 더하면 7치를 얻는데, 이를 법이라고 하자. 또 흰 돌을 바라볼 때의 아래의 고를 물 언덕을 바라볼 때의 아래의 고에서 뺀 나머지는 21치이다. 이에 곱자 사이의 거리 40치로 곱하면 840치를 얻는데, 이를 실이라고 하자. 7치를 법으로 하여 이를 나누면 120치를 얻고 자리를 물리면 1장 2자를 얻는다. 이것이 곧 물의 깊이이다.」

又術 列望水上下股 及望石上下股 相減 餘幷 爲法 以望石下股 減望水下股 餘 以乘矩間 爲實 實如法而一 得水深「又術 置望水上股 以望水下

股 減之 餘有五寸 置望石下股 以望石上股 減之 餘有二寸 幷之 得七寸 以爲法 又以望石下股 於望水下股 減之 餘有二十一寸 以乘矩間四十寸 得八百四十寸 以爲實 以七寸爲法 除之 得一百二十寸 退之 得一丈二尺 卽是水深也」

☞ **역자 주 2**: 물의 깊이를 구하는 별해를, 역자 주 1에서 이용한 그림의 기호를 이용해서 다음과 같이 요약할 수 있다.

$$g=\frac{(a_1{}'-a_1)f}{(a_1{}'-a_2{}')+(a_1-a_2)}=\frac{(45-24)\times 40}{(45-40)+(24-22)}=\frac{840}{7}$$

=120(치)=12자 =1장 2치

그림 해설 甲乙은 물의 깊이로 丙丁과 같고, 甲은 물 언덕이며, 乙은 흰 돌이라고 하자. 戊己는 아래 곱자의 구의 높이이고, 庚己는 물 언덕을 바라볼 때 들어간 아래의 고이며, 寅己는 흰 돌을 볼 때 들어간 아래의 고라고 하자. 壬癸는 위 곱자의 구의 높이로, 두 곱자의 구의 높이는 서로 같다. 子癸는 물 언덕을 볼 때 들어간 위의 고로, 辛己와 같다고 하자. 卯癸는 흰 돌을 볼 때 들어간 위의 고로, 丑己와 같다고 하자. 癸己는 두 곱자의 사이의 거리로 壬戊와 서로 같다. 庚辛은 물 언덕을 볼 때 들어간 위와 아래 고의 차이고, 寅丑은 흰 돌을 볼 때 들어간 위와 아래 고의 차이다. 드디어 네 직각 삼각형 戊己辛[≡△壬癸子]과 壬丙甲 및 戊己丑[≡△壬癸卯]과 壬丁乙은 둘씩 서로 닮은 도형이다. 또 삼각형 壬甲戊와 庚戊辛 및 壬乙戊와 寅戊丑은 각각 서로 닮은 도형이다.[21] 물 언덕을 볼 때 들어간 고의 차 庚辛

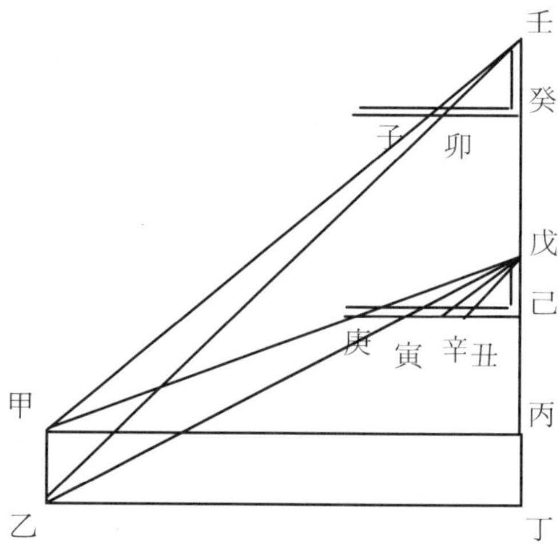

21) 문항 [해도 4]에서 이미 지적한 대로, 이는 잘못된 진술이다.

과 물 언덕을 볼 때 들어간 위의 고 辛己의 비는 곱자 사이의 거리 壬戊와 아래 곱자의 꼭대기에서 물 언덕까지의 戊丙의 비와 서로 같다. 이것이 제1비례이다. 또 흰 돌을 볼 때 들어간 고의 차 寅丑과 흰 돌을 볼 때 들어간 위의 고 丑己의 비는 곱자 사이의 거리 壬戊와 아래 곱자의 꼭대기에서 흰 돌까지의 戊丁의 비와 서로 같다. 이것이 제2비례이다. 이에 두 4율 戊丁과 戊丙을 빼면 당연히 물의 깊이 丙丁「주: 즉 甲乙」[22]을 얻는다.

이제 합률의 비례를 쓰면, 제1비례의 1률과 제2비례의 1률을 서로 곱하여 얻는 수가 1률이 된다. 「주: 곧 원래의 해법에서 두 차를 서로 곱한 값이 법이 된다.」 제1비례의 1률을 제2비례의 2율에 곱하여 수를 얻는다. 「주: 곧 원래의 해법에서 상률이다.」 제2비례의 1률을 제1비례의 2율에 곱하여 수를 얻는다. 「주: 곧 원래의 해법에서 하율이다.」 이렇게 얻은 두 수를 서로 뺀 수가 2율이 된다. 「주: 곧 원래의 해법에서 양 율을 서로 뺀 나머지이다.」 곱자 사이의 거리를 3률이라 하여 4율을 구하면, 곧 제1비례의 4율과 제2비례의 4율을 서로 뺀 차이다. 항상 제1비례의 1률을 제2비례의 1률과 2율에 곱하고, 이에 제2비례의 3률을 이용해서 비례식을 세우고 4율을 얻으면 곧 반드시 제2비례의 4율이 된다. 또 제2비례의 1률을 제1비례의 1률과 2율에 곱하고, 이에 제1비례의 3률을 이용해서 비례식을 세우고 4율을 얻으면 곧 반드시 제1비례의 4율이 된다. 지금 양 비례의 3률이 똑같이 곱자 사이의 거리이다. 그러므로 이에 3률로 하고, 양 비례의 1률을 양 비례의 1률과 2율에 서로 곱하여 얻는 1률은 반드시 같고 이에 1률로 한다. 양 2율을 서로 뺀 값을 2율로 하여 얻는 4율은 반드시 양 4율을 서로 뺀 차이니. 서로 곱함으로써 그 나눔을 사시민히 하는 바 1을 써서 1률로 한다. 이렇게 깊이를 측정한다.

圖解曰 甲乙爲水深 與丙丁等 甲爲水岸 乙爲白石 戊己爲下矩之句高 庚己爲望水岸入下股 寅己爲望白石入下股 壬癸爲上矩之句高 兩句高相等

22) 이 문제에서 물 언덕 甲과 흰 돌 乙이 동일한 연직선 위에 있다면, 이 문제는 산 위에서 누대의 높이를 구한 [해도 5]와 같은 유형의 문제가 된다. 그런데 이 문제의 해법은 甲과 乙이 서로 다른 연직선 위에 있는 경우에도 적용할 수 있다. 실제로, 문제의 조건으로부터 甲과 乙이 서로 다른 연직선 위에 있음을 확인할 수 있다. 약해 1 뒤의 참고를 보라.

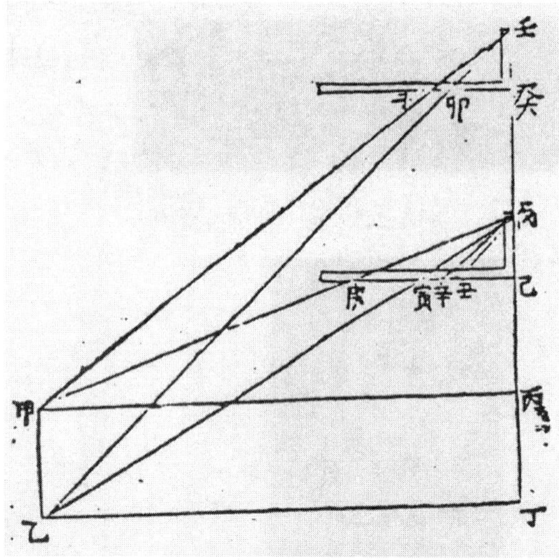

子癸爲望水岸入上股 與辛己等 卯癸爲望白石入上股 與丑己等 癸己爲矩間 與壬戊等 庚辛爲望水岸上下入股較 寅丑爲望白石上下入股較 遂成戊己辛與壬丙甲 戊己丑與壬丁乙 四句股形 爲兩兩同式形 而又壬甲戊與庚戊辛 壬乙戊與寅戊丑 各爲同式形 以庚辛望水岸入股較 與辛己望水岸入上股 若壬戊矩間 與戊丙自下矩句端至水岸 此第一比例也 又以寅丑望白石入股較 與丑己望白石入上股 若壬戊矩間 與戊丁自下矩句端至白石 此第二比例也 乃以戊丁與戊丙 兩四率 相減 當得丙丁「卽甲乙」水深

而今用合率比例 以第一比例之一率 與第二比例之一率 相乘 得數 爲一率「卽原術之以二差 相乘 爲法也」以第一比例之一率 乘第二比例之二率 得數「卽原術之上率也」以第二比例之一率 乘第一比例之二率 得數「卽原術之下率也」以兩得數 相減 爲二率「卽原術之兩率相減餘也」矩間爲三率 求得四率 卽第一比例之四率 與第二比例之四率相減之較也 盖以第一比例之一率 乘第二比例之一率及二率 仍用第二比例之三率 以爲比例 則所得四率 必仍爲第二比例之四率 又以第二比例之一率 乘第一比例之一率及二率 仍用第一比例之三率 以爲比例 則所得四率 必仍爲第一比例之四率 今兩比例之三率同 爲矩間 故仍爲三率 以兩比例之一率互乘兩比例之一率及二率 而所得兩一率必相等 仍爲一率兩二率相減爲二率 則所得四率 必爲兩四率相減之較也 必用互乘者 所以齊其分而通用一一率也 此測深也

☞ **약해 1**: 그림 해설에서는 [해도 4]에서 물의 깊이를 구하고 방법을 이용해서, 아래 곱자의 끝부터 물 언덕과 흰 돌까지의 수직 거리를 각각 먼저 구하고 그 차로 물의 깊이를 구하고 있다. 그림 해설의 내용을 다음과 같이 기호를 이용해서 요약할 수 있다.

먼저 아래 곱자의 끝부터 물 언덕까지의 수직 거리 戊丙을 다음 비례식을 이용해서 구한다.

庚辛 : 辛己 = 壬戊 : 戊丙 …… ①

戊丙 = 辛己 × 壬戊 ÷ 庚辛 = 4 × 4 ÷ 0.5 = 32(자)

다음으로 아래 곱자의 끝부터 흰 돌까지의 수직 거리 戊丁을 다음 비례식을 이용해서 구한다.

寅丑 : 丑己 = 壬戊 : 戊丁 …… ②

戊丁 = 丑己 × 壬戊 ÷ 寅丑 = 2.2 × 4 ÷ 0.2 = 44(자)

따라서 물의 깊이는 다음과 같다.

丙丁 = 戊丁 − 戊丙 = 44 − 32 = 12(자)

그림 해설의 아래에서는 식 ①과 ②를 하나의 비례식으로 합쳐서 유휘가 해법에서 이용한 공식을 만드는 과정을 설명하고 있다. 먼저, 두 비례식을 다음과 같이 하나의 비례식으로 만들 수 있다고 진술하고 있다.

(庚辛 × 寅丑) : (丑己 × 庚辛 − 辛己 × 寅丑) = 壬戊 : (戊丁 − 戊丙),

戊丁 − 戊丙 = (丑己 × 庚辛 − 辛己 × 寅丑) × 壬戊 ÷ (庚辛 × 寅丑)

그 다음에는 이와 같이 두 개의 비례식을 합치는 과정의 정당성을 밝히고 있다. 이해를 돕기 위해 영어 알파벳을 이용해서 설명하면 다음과 같다.

다음 두 개의 비례식이 성립한다고 하자.

$a : b = c : d, \quad p : q = r : s$

그러면 다음과 같이 1률을 다른 비례식에 곱해도 성립한다.

$ap : bp = c : d, \quad ap : aq = r : s$

이제 제3률이 서로 같다고 하자. 즉 $c = r$이라고 하자.
그러면 1률과 3률이 서로 같으므로, 2율과 4율을 차로 바꾼 다음 비례식이 성립한다.

$ap : bp = c : d, \quad ap : aq = c : s$

↘ ↙

$ap : (bp - aq) = c : (d - s)$

참고 앞의 각주에서 지적한 대로 물 언덕 甲과 흰 돌 乙이 동일한 연직선 위에 있다면, 이 문제는 산 위에서 누대의 높이를 구한 [해도 5]와 같은 유형의 문제가 된다. 그런데 영문 『구장산술』에 제시된 그림과 같이, 문제의 조건으로부터 甲과 乙이 서로 다른 연직선 위에 있음을 확인할 수 있다.

먼저 닮은 직각 삼각형들로부터 다음을 얻는다.

△壬子癸∽△壬甲丙 ⇒ 壬癸/癸子＝壬丙/丙甲 ……①
△戊庚己∽△戊甲丙 ⇒ 戊己/己庚＝戊丙/丙甲 ……②
△壬卯癸∽△壬乙丁 ⇒ 壬癸/癸卯＝壬丁/丁乙 ……③
△戊寅己∽△戊乙丁 ⇒ 戊己/己寅＝戊丁/丁乙 ……④

식 ①과 ②에 의해서 다음이 성립한다.

丙甲＝(癸子×壬丙)/壬癸＝(己庚×戊丙)/戊己

여기서 己丙$=b$라고 하면 壬丙＝壬癸＋癸己＋己丙$=7+b$이고 戊丙＝戊己＋己丙$=3+b$이므로, 다음을 얻는다.

$4(7+b)/3=4.5(3+b)/3$, $4(7+b)=4.5(3+b)$,
$28+4b=13.5+4.5b$, $0.5b=14.5$,
$b=29$(자)

그러므로 壬丙$=7+b=36$자이고 戊丙$=3+b=32$자이다.
그리고 식 ①에서 丙甲＝(癸子×壬丙)/壬癸$=(4\times36)/3=48$자이다.

한편, 식 ③과 ④에 의해서 다음이 성립한다.

丁乙＝(癸卯×壬丁)/壬癸＝(己寅×戊丁)/戊己

여기서 己丁$=a$라고 하면 壬丁＝壬癸＋癸己＋己丁$=7+a$이고 戊丁＝戊己＋己丁$=3+a$이므로, 다음을 얻는다.

$2.2(7+a)/3=2.4(3+a)/3$, $2.2(7+a)=2.4(3+a)$,
$15.4+2.2a=7.2+2.4a$, $0.2a=8.2$,
$a=41$(자)

그러므로 壬丁$=7+a=48$자이고 戊丁$=3+a=44$자이다.
그리고 식 ③에서 丁乙＝(癸卯×壬丁)/壬癸$=(2.2\times48)/3=35.2$자이다.

따라서 丙甲$=48$자이고 丁乙$=35.2$자이므로 甲과 乙은 서로 다른 연직선 위에 있다.

별해 설명 별해는 우연히 합치된 것이다. 이를 다른 수를 이용해서 다음과 같이 고증한다. 구의 높이는 3자, 곱자 사이의 거리는 4자, 물 언덕을 바라볼 때 들어간 아래의 고는 6자이고 위의 고는 5자, 흰 돌을 바라볼 때 들어간 아래의 고는 3자이고 위의 고는 2자 8치라고 하자. 먼저 원래의 해법에 따라 물의 깊이를 구하자. 곧 물 언덕을 바라볼 때 들어간 고의 차 1자는 1률이고 물 언덕을 바라볼 때 위의 고 5자는 2율이며 곱자 사이의 거리 4자는 3률이라고 하여, 구하여 얻은 4율은 20자이다. 흰 돌을 바라볼 때 들어간 고의 차 2치는 1률이고 흰 돌을 바라볼 때 위의 고 2자 8치는 2율이며 곱자 사이의 거리 4자는 3률이라고 하여, 구하여 얻은 4율은 56자이다. 두 개의 4율을 서로 뺀 나머지는 36자는 물의 깊이이다. 또 물 언덕을 바라볼 때 들어간 고의 차와 흰 돌을 바라볼 때 들어간 고의 차를 서로 곱하여 얻은 2자를 1률이라고 하자. 흰 돌을 바라볼 때의 위의 고에 물 언덕을 바라볼 때 들어간 고의 차를 곱하면 28자를 얻고, 물 언덕을 바라볼 때의 위의 고에 흰 돌을 바라볼 때의 고의 차를 곱하면 10자를 얻으며, 서로 뺀 나머지 18자를 2율이라고 하자. 곱자 사이의 거리 4자를 3률이라 하여, 구하여 얻은 4율은 역시 36자이다. 두 가지 방법은 서로 부합한다. 이제 별해의 방법으로 물의 깊이를 구해보자. 곧 물 언덕을 바라볼 때 들어간 고의 차 1자와 흰 돌을 바라볼 때 들어간 고의 차 2치를 서로 더하여 얻은 1자 2치를 1률이라 하고, 물 언덕을 바라볼 때의 아래의 고 6자와 흰 돌을 바라볼 때의 아래의 고 3자를 서로 뺀 나머지 3자를 2율이라 하며, 곱자 사이의 거리 4자를 3률이라고 하자. 이렇게 구하여 얻은 4율 10자는 물의 깊이 36자와 이미 부합하지 않는다. 그 고의 원리도 역시 서로 어울리지 않는다.

又術 偶合也 以他數考證 設如句高三尺 矩間四尺 望水岸入下股六尺 入上股五尺 望白石入下股三尺 入上股二尺八寸 先以原術求水深 則以望水岸入股較一尺爲一率 望水岸上股五尺爲二率 矩間四尺爲三率 求得四率爲二十尺 以望白石入股較二寸爲一率 望白石上股二尺八寸爲二率 矩間四尺爲三率 求得四率爲五十六尺 兩四率相減 餘三十六尺 爲水深 又以望水岸入股較 與望白石股較 相乘 得二尺爲一率 以望水岸

入股較 乘望白石上股 得二十八尺 以望白石股較 乘望水岸上股 得十尺 相減 餘十八尺爲二率 矩間四尺爲三率 求得四率 亦爲三十六尺 兩法相符 若以又術求水深 則以望水岸入股較一尺 與望白石入股較二寸 相併 得一尺二寸爲一率 以望水岸下股六尺 與望白石下股三尺 相減 餘三尺爲二率 矩間四尺爲三率 求得四率爲十尺 與水深三十六尺數 旣不符 而句股之理 亦不相當也

☞ **약해 2**: 별해 설명에서는 별해의 방법이 옳지 않음을 구체적인 수를 이용해서 밝히고 있다. 물의 깊이를 약해 1의 두 가지 방법과 역자 주 2의 별해의 방법을 이용해서 구하고 있다. 그 과정을 살펴보면 다음과 같다.

[약해 1의 첫째 방법]

庚辛 : 辛己＝壬戊 : 戊丙, 1 : 5＝4 : 戊丙, 戊丙＝20(자)

寅丑 : 丑己＝壬戊 : 戊丁, 0.2 : 2.8＝4 : 戊丁, 戊丁＝56(자)

(물의 깊이) 丙丁＝戊丁－戊丙＝20－56＝36(자)

[약해 1의 둘째 방법]

(庚辛×寅丑) : (丑己×庚辛－辛己×寅丑)＝壬戊 : (戊丁 －戊丙),

(10×2) : (28×10－50×2)＝40 : 丙丁,

(물의 깊이) 丙丁＝(280－100)×40÷20＝180×40÷20＝360(치)＝36자

[역자 주 2의 방법]

$$(\text{물의 깊이})\ g=\frac{(a_1{}'-a_1)f}{(a_1{}'-a_2{}')+(a_1-a_2)}=\frac{(6-3)\times 4}{(6-5)+(3-2.8)}$$

$$=\frac{3\times 4}{1+0.2}=\frac{12}{1.2}=10(\text{자})$$

앞에서 참조한 영문 『구장산술』(p. 553)에 따르면, 중국 산학자 이황(李潢, ?~1811)은 그의 『구장산술세초도설』(九章算術細草圖說)에서 유휘의 별해가 우연히 정확한 답을 주지만 일반적으로는 옳지 않다고 말했다고 한다.

【해도 8】 지금 산에 올라가서 나루터를 바라보고 있다. 나루는 산의 남쪽에 있다. 산 위에 곱자를 눕혀 놓는데, 구의 높이는 1장 2자라고 한다. 구의 끝으로부터 비스듬히 나루의 남쪽 기슭을 바라보면 들어간 아래의 고는 2장 3자 1치이다. 또 나루의 북쪽 기슭을 바라보면 앞에서 바라볼 때보다 1장 8치만큼 안쪽으로 더 들어간 곳을 지난다. 다시 높

은 바위에 오르는데, 북쪽으로 22보 물러나고 위로 51보 올라간다. 산 위에 곱자를 눕혀 놓고, 또 구의 끝으로부터 비스듬히 나루의 남쪽 기슭을 바라보면 들어간 위의 고는 2장 2자이다. 나루의 너비는 얼마인가?
今有登山望津 津在山南 偃矩山上 令句高一丈二尺 從句端斜望津南岸 入下股二丈三尺一寸 又望津北岸 入前望股裏一丈八寸 更登高巖北卻行二十二步 上登五十一步 偃矩山上 更從句端斜望津南岸 入上股二丈二尺 問津廣幾何

답 1리 102보
答曰 二里一百二步

해법 구의 높이를 아래의 고에 곱하고 위의 고로 나누어 얻은 수에서 구의 높이를 뺀 나머지를 법이라고 하자. 북쪽으로 물러난 거리를 놓고 이에 구의 높이를 곱하고 위의 고로 나누어 얻은 수를 위로 올라간 거리에서 뺀 나머지에 〔아래의〕 고보다 안쪽으로 더 들어간 거리를 곱하여 실이라고 하자. 실을 법으로 나누면 나루의 너비를 얻는다. 「주: 신 순풍 등은 이 해법을 신중하게 살핍니다. 구의 높이를 놓고 아래의 고에 곱하면 277자 2치를 얻고, 이를 위의 고로 나누면 1장 2자 6치를 얻는다. 이에서 구의 높이 1장 2자를 뺀 나머지는 6치인데, 이를 법이라고 한다. 또 북쪽으로 물러난 보수를 놓고 환산하면 132자가 되고, 이에 구의 높이를 곱하면 1,584자를 얻는다. 이를 위의 고로 나누면 72자를 얻는다. 또 위로 올라간 51보를 놓고 매보 6자로 이를 환산하면 306자를 얻는다. 이에서 앞에서 얻은 수를 뺀 나머지는 234자이다. 이에 〔아래의〕 고보다 안쪽으로 더 들어간 자수를 곱하여 얻은 2,527자 2치를 실이라고 하자. 실을 법으로 나누면 4,212자를 얻고, 이를 보리법〔1리＝300보＝1800자〕으로 환산하면 2리와 나머지 102보를 얻는다. 이는 곧 나루의 너비이다.」

術曰 以句高乘下股 如上股而一 所得 以句高減之 餘爲法 置北行 以句高乘之 如上股而一 所得 以減上登 餘 以乘入股裏 爲實 實如法而一 卽得津廣「臣淳風等 謹按此術 置句高乘下股 得二百七十七尺二寸 以上股除之 得一丈二尺六寸 以句高一丈二尺減之 餘有六寸 以爲法 又置北行步展 爲一百三十二尺 以句高乘之 得一千五百八十四尺 以上

股除之 得七十二尺 又置上登五十一步 以每步六尺通之 得三百六尺 以前數減之 餘二百三十四尺 以乘入股裏尺數 得二千五百二十七尺二寸爲實 實如法而一 得四千二百一十二尺 以步里法除之 得二里餘一百二步 卽是津廣也」

☞ **역자 주**: 나루의 너비를 구하는 해법을 다음과 같이 요약할 수 있다. 여기서 '상등'은 위로 올라간 거리이고, '북행'은 북쪽으로 물러난 거리를 뜻한다.

$$\frac{(\text{아래의 고보다 더 들어간 거리})\times\left\{(\text{상등})-\dfrac{(\text{구의 높이})\times(\text{북행})}{(\text{위의 고})}\right\}}{\dfrac{(\text{구의 높이})\times(\text{아래의 고})}{(\text{위의 고})}-(\text{구의 높이})}$$

$$=\frac{10.8\times\left\{51\times6-\dfrac{12\times(22\times6)}{22}\right\}}{\dfrac{12\times23.1}{22}-12}=\frac{10.8\times\left(306-\dfrac{12\times132}{22}\right)}{\dfrac{277.2}{22}-12}$$

$$=\frac{10.8\times\left(306-\dfrac{1584}{22}\right)}{12.6-12}=\frac{10.8\times(306-72)}{0.6}=\frac{10.8\times234}{0.6}$$

$$=\frac{10.8\times234}{0.6}=\frac{2527.2}{0.6}=4212(\text{자})=2\text{리 }612\text{자}=2\text{리 }102\text{보}$$

아래의 그림 해설에서는 위의 분모와 분자 계산을 분리해서 시행하며, 그림을 통해 각각의 의미를 확인한다.

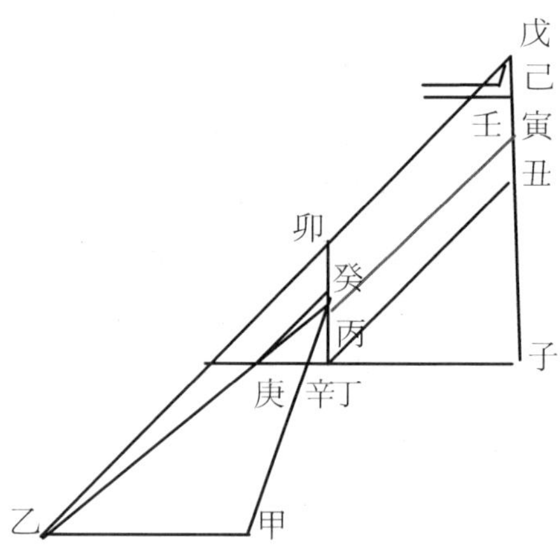

그림 해설 甲乙은 나루의 너비이고, 丙丁은 아래 곱자의 구의 높이이며, 庚丁은 들어간 아래의 고이고, 庚辛은 앞보다 안쪽으로 더 들어간 거리하고 하자. 丁子는 북쪽으로 물어난 거리이고 己子는 위쪽으로 올라간 거리라고 하자. 戊己는 위 곱자의 구의 높이로 두 곱자의 구의 높이는 서로 같으며, 壬己는 〔들어간〕 위의 고라고 하자. 〔庚을 지나고 직선 乙戊와 평행인 직선이 丙丁의 연장선과 癸에서 만난다고 할 때〕 癸丁은 구차(句差)라 하

고, 癸丙은 구차의 차라고 하자. 〔丁을 지나고 직선 乙戊와 평행인 직선이 戊子와 丑에서 만난다고 할 때〕 丑子를 상등차라 하고, 己丑을 등차의 차라고 하자. 己丑은 〔丙을 지나고 직선 乙戊와 평행인 직선이 戊子와 寅에서 만난다고 할 때〕 戊寅과 같고 역시 卯丙과도 같다. 드디어 두 직각 삼각형 戊己壬과 癸丁庚은 서로 닮은 도형을 이루고, 또 두 사변형 卯丙甲乙과 癸丙辛庚은 서로 닮은 도형이 된다. 들어간 위의 고 壬己와 구의 높이 戊己의 비는 들어간 아래의 구 庚丁과 구차 癸丁의 비와 서로 같다. 구차 癸丁에서 구의 높이 丙丁을 뺀 나머지 癸丙은 구차의 차이다. 또 들어간 위의 고 壬己와 구의 높이 戊己의 비는 북쪽으로 물러난 거리 丁子와 상등차 丑子의 비는 서로 같다. 그러므로 이에 위로 올라간 己子에서 상등차 丑子를 뺀 나머지 己丑은 등차의 차이다. 이에 구차의 차 癸丙과 들어간 아래의 고보다 안쪽으로 더 들어간 거리 庚辛의 비는 등차의 차 卯丙과 나루의 너비 甲乙의 비와 서로 같다. 이렇게 너비를 측정한다.

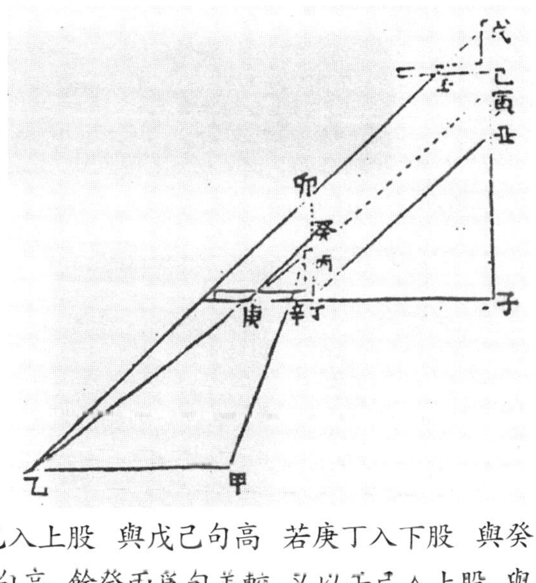

圖解曰 甲乙爲津廣 丙丁爲下矩之句高 庚丁爲入下股 庚辛爲入前望股裏 丁子爲北卻行 己子爲上登 戊己爲上矩之句高 兩句高相等 壬己爲上股 癸丁爲句差 癸丙爲句差之較 丑子爲上登差 己丑爲登差之較 與戊寅等 亦與卯丙等 遂成戊己壬癸丁庚同式句股形 而又卯丙甲乙與癸丙辛庚爲同式四邊形 以壬己入上股 與戊己句高 若庚丁入下股 與癸丁句差 癸丁句差 内減丙丁句高 餘癸丙爲句差較 又以壬己入上股 與戊己句高 若丁子北卻行 與丑子上登差 乃於己子上登 內減丑了上登差 餘己丑爲登差較 乃以癸丙句差較 與庚辛入望股裏 若卯丙登差較 與甲乙津廣也 此測廣也

☞ **약해**: 그림 해설에 나오는 용어 구차, 등차, 경차 등은 평행을 표현하는 말이다. 그림 해설을 [보완하고] 기호를 이용해서 요약하면 다음과 같다.

乙戊//庚癸이므로 △戊己壬∽△癸丁庚이고, 구차 癸丁과 구차의 차 癸丙을 다음과 같이 얻을 수 있다.

壬己 : 戊己 = 庚丁 : 癸丁,

癸丁 = 戊己 × 庚丁 ÷ 壬己
　= 12 × 23.1 ÷ 22 = 12.6(자),

癸丙 = 癸丁 − 丙丁
　= 12.6 − 12 = 0.6(자)

또, 乙戊//丁이므로 △戊己壬∽△丑子丁이고, 상등차 丑子와 등차의 차 己丑 = 卯丙을 다음과 같이 얻을 수 있다.

壬己 : 戊己 = 丁子 : 丑子,

丑子 = 戊己 × 丁子 ÷ 壬己
　= 12 × (22 × 6) ÷ 22 = 72(자),

己丑 = 己子 − 丑子
　= (51 × 6) − 72 = 234(자) = 卯丙

한편, 癸庚//卯乙이므로 △丙癸庚∽△丙卯乙이고 辛庚//甲乙이므로 △丙辛庚∽△丙甲乙이다. 그러므로 ([해도 6]에서와 같이) □卯丙甲乙과 □癸丙辛庚에서 대응하는 네 각이 서로 같고 네 변 사이에 다음이 성립한다.

$$\frac{\text{癸丙}}{\text{卯丙}} = \frac{\text{癸庚}}{\text{卯乙}}\left(= \frac{\text{丙庚}}{\text{丙乙}}\right) = \frac{\text{丙辛}}{\text{丙甲}} = \frac{\text{辛庚}}{\text{甲乙}}$$

따라서 □卯丙甲乙∽□癸丙辛庚이므로 다음을 얻는다.

癸丙 : 辛庚 = 卯丙 : 甲乙,

甲乙 = 辛庚 × 卯丙 ÷ 癸丙
　= 10.8 × 234 ÷ 0.6 = 4,212(자)
　= 702(보) = 2리 102보

【해도 9】 지금 산에 올라가서 마을을 내려다보고 있는데, 마을은 산의 남쪽에 있다. 산 위에 곱자를 눕혀 놓는데, 〔위로 선〕 구의 높이는 3자 5치라고 한다. 구의 끝은 마을의 동남쪽 모퉁이 및 동북쪽 모퉁이와 가지런하다. 구의 끝으로부터 동북쪽 모퉁이를 멀리 바라볼 때 들어간 아래의 고는 1장 2자이다. 또 〔앞에서〕 들어간 고와 만나는 곳에 〔그 고와 수직인 수평 방향의〕 가로의 구를 만든다. 위로 선 구의 끝으로부터 서북쪽 모퉁이를 바라볼 때 들어간 가로의 구는 5자이고, 동남쪽 모퉁이를 바라볼 때 들어간 아래의 고는 1장 8자이다. 또 위쪽에 또 다른 곱자를 놓는데, 곱자 사이의 거리는 4장이라고 한다. 위로 선 구의 끝으로부터 동남쪽 모퉁이를 바라볼 때 들어간 위의 고는 1장 7자 5치이다. 마을의 너비와 길이는 각각 얼마인가?

今有登山臨邑 邑在山南 偃矩山上 令句高三尺五寸 令句端與邑東南隅及東北隅參相直 從句端遙望東北隅 入下股一丈二尺 又施橫句於入股之會 從立句端望西北隅 入橫句五尺 望東南隅 入下股一丈八尺 又設重矩於上 令矩間相去四丈 更從立句端望東南隅 入上股一丈七尺五寸 問邑長廣各幾何

답 남북의 길이 1리 100보

동서의 너비 1리 $33\frac{1}{3}$보

答曰 南北長一里一百步

東西廣一里三十三步少半步

해법 구의 높이를 동남쪽 모퉁이를 바라볼 때 들어간 아래의 고에 곱하고 〔들어간〕 위의 고로 나누어 얻은 수에서 구의 높이에서 뺀 나머지를 법이라고 하자. 동북쪽 모퉁이를 바라볼 때 들어간 아래의 고를 동남쪽 모퉁이를 바라볼 때 들어간 아래의 고에서 뺀 나머지를 곱자 사이의 거리에 곱하여 실이라고 하자. 실을 법으로 나누면 마을 남북의 길이를 얻는다. 마을의 너비를 구하기 위해서, 들어간 가로의 구를 곱자 사이의 거리에 곱하여 실이라고 하자. 실을 법으로 나누면, 곧 마을 동서의 너비를 얻는다. 「주: 신 순풍 등은 이 해법을 신중하게 살핍니다. 구의 높이를 동남쪽 모퉁이를 바라볼 때 들어간 아래의 고에 곱하면 6,300치를 얻는다. 또 동남쪽 모퉁이를 바라볼 때 들어간 위의 고 175치로 이를 나누면 36치를 얻는다. 이에서 구의 높이를 뺀 나머지는 1치인데, 이를 법이라고 한다. 한편, 동북쪽 모퉁이를 바라볼 때 들어간 아래의 고를 놓고 동남쪽 모퉁이를 바라볼 때 들어간 아래의 고에서 뺀 나머지는 60치이다. 이에 곱자 사이의 거리를 곱하여 얻은 24,000치를 실이라고 하자. 실을 법으로 나누면, 곧 남지도 않고 모자라지도 않는다. 이를 촌리법〔1리=300보=1800자=18000치〕으로 환산하면 1리와 부진〔6000치〕을 얻는다. 촌보법〔1보=6자=60치〕으로 환산하면 100보를 얻는다. 이것은 곧 마을의 남북 방향의 길이 1리 100보이다. 동서의 너비를 구하기 위해서, 들어간 가로의 구의 수치를 놓고 곱자 사이의 거리를 곱하여 얻는 20,000치를 실이라고 하자. 실을 법으로 나누면, 곧 남지도 않고 모자지도 않는 수를 얻는다. 이를 이법〔1리=18000치〕으로 환산하면 1리와 나머지〔2000치〕를 얻는다. 이를 보법〔1보=60치〕으로 환산하면 33보와 부진 20〔치〕을 얻는다. 이를 법과 함께 물리고 반으로 하면 곧 3분 1보이다.」

術曰 以句高 乘東南隅入下股 如上股而一 所得 減句高 餘爲法 以東北隅下股 減東南隅下股 餘 以乘矩間 爲實 實如法而一 得邑南北長也 求邑廣 以入橫句 乘矩間 爲實 實如法而一 卽得邑東西廣「臣淳風等 謹按此術 以句高乘東南隅下股 得六千三百寸 又以東南隅上股一百七十五寸 除之 得三十六寸 以句高減之 餘有一寸 以爲法 又置東北隅下股 以減東南隅下股 餘有六十寸 以乘矩間 得二萬四千寸 爲實 實如法而一 卽不盈不縮 以寸里法 除之 得一里 不盡 以寸步法 除之 得一百步 卽是邑南北長一里一百步也 求東西廣步者 置入橫句之數 以乘矩間 得二萬寸 爲實 實如法而一 卽得不盈不縮 以里法除之 得一里 餘 以步法除之 得三十三步 不盡二十 與法俱退半之 卽是三分步之一也」

☞ **역자 주**: 마을의 남북 방향의 길이와 동서 방향의 너비를 구한 해법을 다음과 같이 요약할 수 있다.

$$\text{길이: } \frac{(\text{동남북 모퉁이에 대한 아래 고의 차})\times(\text{곱자 사이의 거리})}{\dfrac{(\text{구의 높이})\times(\text{동남 모퉁이에 대한 아래 고})}{(\text{동남 모퉁이에 대한 위의 고})}-(\text{구의 높이})}$$

$$=\frac{(180-120)\times 400}{\frac{35\times 180}{175}-35}=\frac{60\times 400}{\frac{6300}{175}-35}=\frac{24000}{36-35}$$

=24,000(치)=1리 6000치=1리 100보,

너비: $$\frac{(\text{들어간 가로의 구})\times(\text{곱자 사이의 거리})}{\frac{(\text{구의 높이})\times(\text{동남 모퉁이에 대한 아래 고})}{(\text{동남 모퉁이에 대한 위의 고})}-(\text{구의 높이})}$$

$$=\frac{50\times 400}{1}=20{,}000(\text{치})=1\text{리 }2000\text{치}=1\text{리 }33\text{보 }20\text{치}=1\text{리 }33\frac{1}{3}\text{보}$$

아래의 그림 해설에서는 위의 계산 과정을 분리해서 시행하며, 그림을 통해 각 단계에서 구한 값의 의미를 확인한다.

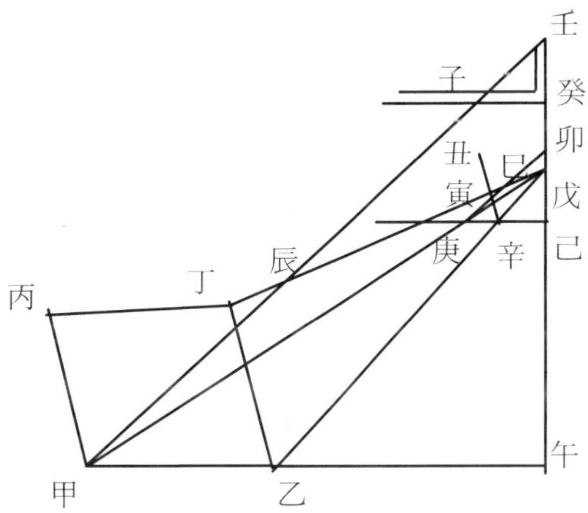

그림 해설 甲은 마을의 동남쪽 모퉁이고, 乙은 동북쪽 모퉁이며, 丁은 서북쪽 모퉁이고, 丙은 서남쪽 모퉁이라고 하자. 甲乙은 남북 방향의 길이이고 乙丁은 동서 방향의 너비이다. 戊己는 아래 곱자의 구의 높이라 하고, 庚己는 동남쪽 모퉁이를 바라볼 때 들어간 아래의 고이고, 辛己는 동북쪽 모퉁이를 바라볼 때 들어간 아래의 고라고 하자. 丑辛은 가로의 구이고 寅辛은 서북쪽 모퉁이를 바라볼 때 들어간 가로의 구라고 하자. 壬癸는 위 곱자의 구의 높이로, 두 구의 높이는 서로 같다. 子癸는 동남쪽 모퉁이를 바라볼 때 들어간 위의 고라고 하자. 癸己는 두 곱자 사이의 거리로 壬戊와 서로 같다. 〔庚을 지나고 甲壬과 평행인 직선이 壬戊와 만나는 점을 卯라고 할 때〕 卯己를 구차라 하고, 卯戊를 구차의 차라고 하며, 庚辛은 들어간 아래의 두 고의 차이다. 드디어 두 직각 삼각형 壬癸子와 卯己庚은 서로 닮은 도형이다. 또 두 사변형 卯戊庚辛과 壬戊甲乙[23]은 서로 닮은 도형이다. 또 들어간 위의 고를 지나는 시선(직선) 壬甲은 들어간 가로의 구를 지나는 시선 戊丁과 辰에서 서로 교차한다. 곧 시선 戊丁은 또 구차현선 卯庚과 巳에서 서로 교차한다. 이에 삼각형 壬戊辰과 卯戊巳는 서로 닮은 도형이다. 또 오변형 卯戊辛寅巳와 壬戊乙丁辰은 서로 닮은 도형이다.[24] 들어간 위의 고 子癸와 구의 높이 壬癸의 비는 동남쪽의 들어간 아래의 고 庚己와 구차 卯己의 비와 서로 같다. 구차 卯己에서 구의 높이 戊己를 뺀 나머지 卯戊는 구차의 차이다. 이에 구차의 차 卯戊와 들어간 두 아래의 구의 차 庚辛의 비는 두 곱자 사이의 거리 壬戊와 남북 방향의 길이 甲乙의 비와 서로 같다. 구차의 차 卯戊와 들어간 가로의 구 寅辛의 비는 두 곱자 사이의 거리 壬戊와 동서 방향의 너비 乙丁의 비와 서로 같다. 이렇게 길이와 너비를 측정한다.

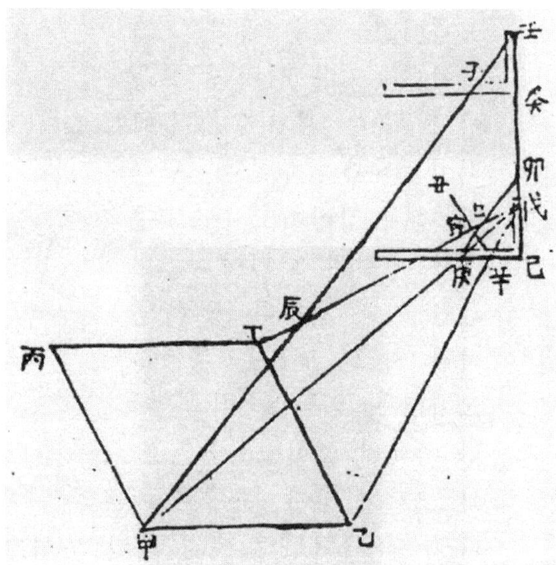

圖解曰 甲爲邑之東南隅 乙爲東北隅 丁爲西北隅 丙爲西南隅 甲乙爲南北長 乙丁爲東西廣 戊己爲下矩之句高 庚己爲東南隅入下股 辛己爲東北隅入下股 丑辛爲橫句寅辛爲入橫句 壬癸爲上矩之句高 兩句高相等 子癸爲東南隅入上股 癸己爲矩間與壬戊等 卯己爲句差 卯戊爲句差較 庚辛爲兩下股之較 遂成壬癸子卯己庚同式句股形 而又卯戊庚辛與壬戊甲乙爲同式四邊形 又入上股壬甲視線 與入橫句戊丁視線相交于辰 則戊丁

---

23) '卯戊庚辛'은 '卯戊辛庚'으로, '壬戊甲乙'은 '壬戊乙甲'으로 나타내는 것이 더 적절하다.

24) 실제로 직선 壬甲과 戊丁은 서로 다른 평면 위에 있으며 서로 만나지 않는다. 또, 직선 戊丁과 卯庚은 서로 다른 평면 위에 있으며 서로 만나지 않는다. 그러므로 두 닮은 삼각형과 두 닮은 오각형을 생각할 수 없다. 그러나 약해에 제시하듯이, 그 아래의 진술은 참이다.

視線 又與卯庚句差弦線相交于巳 仍成壬戊辰與卯戊巳同式形 而又卯戊辛寅巳與壬戊乙丁辰爲同式五邊形 以子癸入上股 與壬癸句高 若庚己東南隅入下股 與卯己句差 卯己句差 内減戊己句高 餘卯戊句差較 乃以卯戊句差較 與庚辛兩下股較 若壬戊矩間 與甲乙南北長也 以卯戊句差較 與寅辛入横句 若壬戊矩間 與乙丁東西廣也 此測長廣也

☞ **약해**: 그림 해설을 [보완하고] 기호를 이용해서 요약하면 다음과 같다.

甲壬//庚卯이므로 △壬癸子∽△卯己庚이고, 구차 卯己와 구차의 차 卯戊를 다음과 같이 얻을 수 있다.

癸子 : 壬癸 = 庚己 : 卯己,
卯己 = 壬癸 × 庚己 ÷ 癸子
= 3.5 × 18 ÷ 17.5 = 3.6(자),
卯戊 = 卯己 − 戊己
= 3.6 ÷ 3.5 = 0.1(자)

그리고 [해도 6] 및 [해도 8]과 같은 방법으로 □卯戊辛庚∽□壬戊乙甲임을 밝힐 수 있다. 그러므로 다음과 같이 마을의 남북 방향의 길이 甲乙을 얻을 수 있다.

卯戊 : 庚辛 = 壬戊 : 甲乙 ……①,
甲乙 = 庚辛 × 壬戊 ÷ 卯戊
= 6 × 40 ÷ 0.1 = 2400(자)
= 400(보) = 1리 100(보)

앞에서 참조한 영문 『구장산술』(p. 558)에 있는 다음 쪽 그림에서 쉽게 알 수 있듯이, 직선 壬甲과 戊丁 및 직선 戊丁과 卯庚은 각각 서로 다른 평면 위에 있으며 만나지 않는다.

그렇지만 위의 두 닮은 사각형에서 얻은 비, △戊甲乙과 △戊乙丁을 각각 품는 두 평면은 직선 戊乙을 공유한다는 사실, △戊庚辛∽△戊甲乙과 △戊辛寅∽△戊乙丁이라는 사실을 이용하면, 다음과 같이 그림 해설에서 주장한 비례식 卯戊 : 寅辛 = 壬戊 : 乙丁과 이에 따라 마을의 동서 방향의 너비 乙丁을 얻을 수 있다.

$\frac{\text{卯戊}}{\text{壬戊}} = \frac{\text{庚辛}}{\text{甲乙}}$ [①에서]

$= \frac{\text{戊辛}}{\text{戊乙}}$ [△戊庚辛∽△戊甲乙이므로]

$= \frac{\text{辛寅}}{\text{乙丁}}$ [△戊辛寅∽△戊乙丁이므로]

[卯戊 : 寅辛 = 壬戊 : 乙丁]

乙丁 = 寅辛 × 壬戊 ÷ 卯戊

$= 5 \times 40 \div 0.1 = 2000$(자) $= 333\frac{1}{3}$ 보 = 1리 $33\frac{1}{3}$ 보

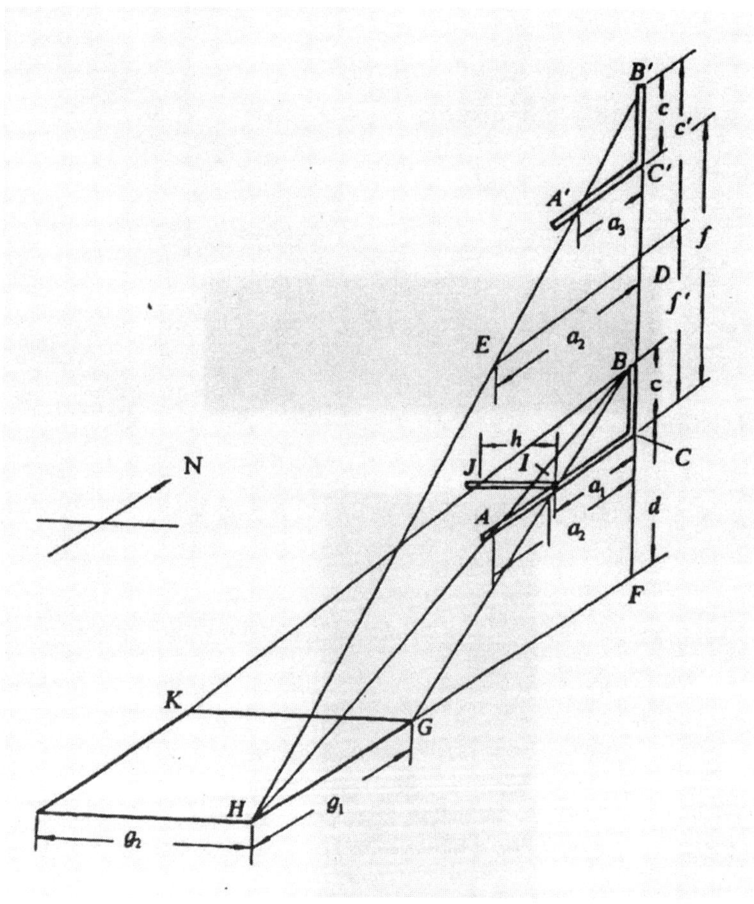

☞ **참고**: 남원상의 도해와 같이 점 卯를 도입하지 않고, 새로 그림 그림에서와 같이 두 직선 甲乙과 壬己가 만나는 점를 午라고 하면 다음과 같이 닮은 직각

삼각형들로부터 답을 구할 수 있다.

두 삼각형 壬子癸와 壬甲午는 같은 평면에 있고, 삼각형 壬甲午를 포함하는 평면은 삼각형 戊丁乙을 포함하는 평면과 교선 戊辛을 공유한다.

삼각형 壬甲午를 포함하는 평면에서 다음이 성립한다.

△壬子癸∽△壬甲午 ⇒ 壬癸/癸子＝壬午/午甲 ……①
△戊庚己∽△戊甲午 ⇒ 戊己/己庚＝戊午/午甲 ……②
△戊辛己∽△戊乙午 ⇒ 戊己/己辛＝戊午/午乙 ……③
戊己/戊午＝戊辛/戊乙 ……④

삼각형 戊丁乙을 포함하는 평면에서 다음이 성립한다.

△戊辛寅∽△戊乙丁 ⇒ 戊辛/戊乙＝寅辛/乙丁 ……⑤

여기서 午甲＝x자, 己午＝y자라고 하면 식 ①과 ②에서 다음을 얻는다.

午甲＝(癸子×壬午)/壬癸－17.5×(43.5＋y)/3.5 ……⑥
午甲＝(己庚×戊午)/戊己＝18×(3.5＋y)/3.5,
17.5×(43.5＋y)/3.5＝18×(3.5＋y)/3.5, 17.5×(43.5＋y)＝18×(3.5＋y),
761.25＋17.5y＝63＋18y, 0.5y＝698.25,
y＝1396.5 ……⑦

식 ⑦을 ⑥에 대입하면 다음을 얻는다.

午甲＝17.5×(43.5＋1396.5)/3.5＝17.5×1440/3.5＝7200

또, 戊午＝戊己＋己午＝3.5＋1396.5＝1400(자)이므로, 식 ③에서 다음을 얻는다.

午乙＝(己辛×戊午)/戊己＝(12×1400)/3.5＝4800(자)

그러므로 마을의 남북 방향의 길이 甲乙은 다음과 같다.

甲乙＝午甲－午乙＝7200－4800＝2400(자)

한편, 식 ④와 ⑤에 의해 戊己/戊午－寅辛/乙丁이므로, 다음과 같이 마을의 동서 방향의 너비 乙丁을 얻는다.

乙丁＝(戊午×寅辛)/戊己＝(1400×5)/3.5－2000(자)

해도산경 정와[25](海島筭經正譌)

휴령 대진[26] 동원(休寧戴震東原)

[해도 1]의 해법에 있는 이순풍 등의 주석이 유휘의 해법에 비추어볼 때 적절하지 못함을 지적하고 있다.

신 순풍 등은 이 해법의 뜻과 마땅함을 삼가 살펴서 아룁니다. 섬이라는 함은 산의 꼭대기를 이르고, 두 푯말은 끝을 곧게 세운 표목을 이른다. 「주: 이 구절은 잘못되었다. 풀이 방법의 뜻에 비추어보면, "높이가 똑같이 3장인 두 개의 푯말을 세우는데, 앞과 뒤의 푯말 사이는 1,000보이다."라는 말은 "나무를 세워 푯말로 삼는데 두 푯말의 높이는 각각 3장이고 그 땅 사이의 거리가 1,000보이다."를 이른다. 반드시 수준기로 평평하게 해야 하며, 푯말의 끝을 가지런하고 평행하게 한 연후에 관측할 수 있다. 또 "뒤의 푯말과 앞의 푯말을 서로 가지런하게 한다."라는 말은, 바다의 섬부터 앞의 푯말까지와 앞의 푯말로부터 뒤의 푯말까지의 셋이 서로 마땅히 가지런하게 함을 이른다. 나무의 끝이 똑바르다는 것이 아니다.」 눈으로 나무 끝으로부터 섬을 바라보면 가지런하게 평평하고, 푯말로부터 123보 물러난 곳이 앞 푯말의 시작이며, 뒤에 세운 푯말에서는 푯말의 끝에서 눈까지 서로 바라볼 때 푯말에서 127보 물러난다. 두 푯말에서 서로 물러난 거리를 상다라 하고, 이를 법이라고 하자. 「주: 이 역시 오류이다. 풀이 방법의 뜻에 근거하면, 사람이 앞의 푯말로부터 123보 물러나서 눈을 땅에 붙이고 푯말의 끝을 비스듬히 바라보면 산의 봉우리와 가지런히 합치된다. 또 뒤의 푯말에서 127보 물러나서 눈을 땅에 붙이고 푯말의 끝을 바라보면 역시 산의 봉우리와 가지런히 합치된다. 나무 끝에서 섬을 바라보는 것이 아니다. 앞과 뒤의 푯말로부터물러난 거리를 서로 빼면 4보가 남는다. 그것이 상다이다. 두 푯말 사이의 거리가 아니다. 베낀 것을 전하고 진실을 잃었기 때문에, 후세의 사람들이 망령되이 덧붙이고 글자를 고쳐 써서 결국 뜻이 통

25) 정와(正譌)는 '틀린 것을 고침'을 뜻한다.

26) 대진(戴震, 1724~1777)은 청 시대의 산학자로, 중국 전통 수학의 부흥을 시도했으며 『사고전서』(四庫全書) 자부(子部)의 수학 부분의 편집을 담당했다. 안휘성(安徽省) 휴령 출신이며, 동원(東原)은 대진의 자(字)이다.

하지 않게 되었다.」

臣淳風等 謹按此術意宜 云 島謂山之頂上 兩表謂立表木之端直「此句訛舛據術意 言立兩表齊高三丈 相去千步者 謂立木爲表兩表各高三丈 其地相去千步 必準之使平 則表端齊平 然後可測望也 又言令後表與前表參相直者 自海島至前表 自前表退至後表 三者令其參相當也 非木之端直」以人目於木末望島參平 人去表一百二十三步 爲前表之始 後立表末至人目於木末相望 去表一百二十七步 二表相去 爲相多 以爲法「此亦訛舛據術意 人去前表一百二十三步 以目著地 望表末斜 與島峯參合 又去後表一百二十七步 以目著地望表末 亦與島峯參合 非於木末望島也 前後去表相減 餘四步 爲相多 非二表相去也 當由傳寫失眞 後人妄加改竄 遂不可通」

[해도산경 발문[27](海島筭經跋)]

유휘는 『구장산술』의 서문에 다음과 같이 썼다. "나는 구수에 중차라는 개념이 있음을 찾아내었다. …… 무릇 지극히 높은 곳을 바라보고, 아주 깊은 곳을 측량해서 그 거리를 알아내려면, 반드시 중차를 이용해야 한다. …… 급작스럽게 중차에 관한 부분을 지어서 주해를 붙이고, 옛 사람들의 뜻을 연구하여 '구고' 아래에 덧붙였다. 높이를 재려면 두 개의 푯말을 쓰면 되고, 깊이를 측량하려면 두 개의 곱자가 필요하다. 외떨어진 것이 있으면 세 번 관측하고, 떨어진 데다 드넓기까지한 걸 알아내려면 네 번 관측하면 된다." 이 유휘 책의 본래 이름은 '중차'였으며, 처음에 해도라는 항목도 없다. 다만, '구고'의 말미에 붙어 있었으며 별도의 책이 아니었다. 그러므로 『수서』[28]에는 「구장산술」이 증편되어 10권으로 되었고, 그 아래에 유휘 지음이라고 쓰여있다. 대개 구장의 9권과 이를 합하여 10권이 된다. 그런데 『수서』와 『당서』[29]에는 또한 모두 「구장중차도」 1권이 있다. 대개 도해는 단독으로 간행되었다. 그러므로 별도로 목록에 기록하는데, 『신당서』와 『구당서』는 유향의 「구장중차」 1권을 함께 나열해서 유휘의 중차는 이미 스스로 하나의 책이 되었다. 이어서 마침내 와전되어 유휘가 유향으로 되었고 한 책이 세 번 간행되었다. 「해도산경」이라는 이름에 이르러서는 비록 옛날에는 나타난 적이 없지만, 『서경』에 있는 "조이 피복"의 바른 뜻에 대해 이르기를 공자는 조(鳥)를 도(島)로 읽었다고 한다. 여기서 도는 이 바다의 산이다. 『구장산술』에서 '해도'라고 이르는 바는 몹시 멀어서 직접 측량할 수 없는 것이다. 그러므로 당나라의 「선거지」[30]에 의하면 산학생의 경우 구장과 해도를 합친 수업 연한이 3년이고, 시험[31]에서는 구장 3문제와 해도 1

27) 발문(跋)은 책의 끝에 본문의 내용의 대강이나 간행에 관계되는 사항을 간략하게 적은 글이다. 원문에는 제목 "해도산경발"이 없이 바로 문장이 시작된다.

28) 隋書, 당나라의 위징(魏徵)이 지은 85권으로 이루어진 수나라의 역사책으로, 636년에 간행되었다.
수와 당 시대의 『해도산경』에 관한 역사는 김용운 · 김용국의 『중국수학사』(대우학술총서 · 자연과학 109, 민음사, 1996, pp. 113~114)를 참조했다.

29) 唐書, 당나라의 역사 책으로, 『구당서』와 『신당서』의 두 가지가 있다.

30) 『신당서』의 하나이다. 산학과 관련된 당 시대의 수업 연한과 시험에 관한 사항은 김용운 · 김용국의 『중국수학사』 pp. 174~176을 참조했다.

31) 수학에 관한 기술 관리를 뽑는 고시인 명산과(明算科)를 일컫는다.

문제가 출제되었다면 바꾼 제목 해도가 당나라 초기부터 이미 그러했을 것이다. 그 책은 세상에 원본이 전하지 않고 흩어진 상태로 『영락대전』에서 볼 수 있다. 지금은 이를 줄이고 모아서 이에 1권으로 펴내니 책의 양이 많지 않다. 그러나 옛날의 방법은 온전하게 갖추어져 있고, 진실로 마땅히 구장의 셈과 더불어 훌륭한 본보기이다. 이에 셈과 수의 원류의 근본를 보게 된다. 건륭[32] 을미년[33] 여름 4월 휴령 대진

劉徽序九章筭術有云 徽尋九數有重差之名 凡望極高測絶深 而兼知其遠者必用重差 輒造重差幷爲注解 以究古人之意 綴於句股之下 度高者重表 測深者累矩 弧離者三望 離而又旁求者四望 是徽之書本名重差 初無海島之目亦但附句股之末不別爲書 故隋志九章增爲十卷下云劉徽撰 蓋以九章九卷合此而十也 而隋志唐志又皆有九章重差圖一卷 蓋圖本單出 故別著於錄 而新舊唐志兼列劉向九章重差一卷 則徽之重差旣自爲卷 因遂譌劉徽爲劉向 而一書三出耳 至海島之名雖古無所見 而書鳥夷皮服[34]正義曰孔讀鳥爲島 島是海之山 九章筭術所云海島邈絶不可踐量是也 故唐選擧志稱 筭學生九章海島共限習三年 試九章三條海島一條 則改題海島自唐初已然矣 其書世無傳本惟散見永樂大典中 今裒而輯之仍爲一卷 篇帙無多而古法具在固宜與九章筭同爲表章 以見筭數源流之本焉 乾隆 乙未夏 四月 休寧 戴震

중차는 둘을 비교해서 이른 것이다. 비록 세 번 네 번 관측하더라도 모두 차분을 먼저 정하고 이로 인해 거듭할 수 있으면 곧 이곳에서 저곳을 알게 된다. 그래서 유휘는 "급작스럽게 중차에 관한 부분을 지어서 …… '구고' 아래에 덧붙였다."고 말했는데, 구장의 구고 끝에는 원래 높이와 깊이를 재고 먼 거리를 관측하는 7가지 해법이 있었기 때문이다. '급작스럽게 지었다'라는 말은, 중차는 본래 '구고' 내에 있었는데 후세 사람들

32) 청나라 고종(1711~1799) 재위 때의 연호(1735~1795).

33) 1775년

34) 『서경』 제2편 하서(夏書)의 우공(禹貢)에 나오는 표현이다. 김학주(金學主) 편저 『書經』(명문당, 2002, pp. 112-113)에는 '島夷皮服'(동북쪽 오랑캐들은 가죽옷을 바쳐 왔다)로 되어 있으며, '島夷'에 대해 다음과 같이 주석하고 있다. "《사기(史記)》·《한서(漢書)》 지리지(地理志)·《대대례(大戴禮)》 오제덕(五帝德) 및 미융(馬融)·정현(鄭玄) 같은 사람이 모두 조이(鳥夷)라 쓰고 있다. 조이(鳥夷)란 동북쪽에 살던 미개인으로 새나 짐승을 잡아먹고 살던 사람들이다(《史記集解》."

이 두 가지 구고가 그렇게 겹쳐짐으로 인하여 산대를 세우고 비교하기가 번잡했다. 그래서 많은 예를 들어 논의하고 설명함으로써 배우는 사람을 깨우치게 하여 그 이름에 이르게 되었다. 그것에 이름을 붙이니 지금의 『해도산경』이 그것이다. 그것에 따라 말하면, 중차는 그 셈의 방법을 가리키고 해도는 그 산대를 설치하는 물건을 가리킨다. 두 가지 뜻이 아니다. 그러나 중차는 본래 구고에서 떠나지 않고 별도로 능히 방법이 된다. 후세 사람이 이름을 바꾸고 그 내용을 훔칠까 염려한 것이다. '급작스럽게 만들었다'고 말한 것은, 급작스럽게 행동한 죄는 자신에게 있으니, 이것은 스승의 방법의 좋은 이치를 지키는 것이다. 나는 이미 대동원이 산경십서로 돌아간 것 기쁘게 여기고, 이에 이를 기록한다. 곡부의 공계함[35]

重差者 比兩 而知雖三望四望皆 先定差分因 而重之可 卽此知彼 故劉徽曰 輒造重差 綴於句股之下 以九章句股末 原有 測高深望遠七術也 其曰輒造也者 以重差本在句股之內 後人因其疊兩句股設筭較煩 故多設論說以開曉學人遂指 以名之今海島筭是也 由是言之 則重差指其爲筭之術 海島指其設筭之物 非有兩意然重差本非離句股別能爲術 慮後來更其名將遂竊其實曰輒造 以專輒之罪自居 此守師法之善經也 余旣假戴君東原本歸於筭經十書中乃記之曲阜 孔繼涵

35) 공계함(孔繼涵, 1739~1784), 청나라 고종 때의 산학자로 대진과 함께 산경십서의 복원에 공헌했다.

수서구장 측망류

(數書九章 測望類)

노군 진구소 지음(魯郡 秦九韶 撰)
패동 남원상 도해(浿東 南元裳 圖解)

『수서구장』은 중국 전통 수학의 황금기를 형성했던 남송(1127~1279) 시대의 진구소(1202?~1261?)가 1247년에 출간했는데, 이야(李冶, 1192~1279)의 『측원해경』(測圓海鏡)과 함께 중국의 산학, 특히 대수학 분야에서 가장 중요한 책의 하나로 꼽히고 있다.

『수서구장』은 『영락대전』(永樂大典, 1403~1408)과 『사고전서』(四庫全書, 1773~1782) 등에 수록되어 보존되었다. 최초의 수학적 분석은 이예(李銳, 1768~1817)에 의해 이루어졌는데, 그 뒤 여러 사람의 연구 결과는 1842년에 의가당총서(宜稼堂叢書)의 일부로 간행되었다. 이 총서의 제43~48권이 『수서구장』이고(위의 사진이 이의 표지임), 제49~50권은 『수서구장』의 오류를 수정한 내용을 정리해서 송경창(宋景昌)이 쓴 『수서구장찰기』(數書九章札記)이다.

『수서구장』은 모두 18권으로 이루어져 있는데, 본 <수서구장 측망류>에서는 측량과 관련된 제7권과 8권의 <측망류>와 제16권의 한 문제를 다룬다. 『측량도해』를 수록한 『韓國科學技術史資料大系』 수학편 5(김용운 편, 여강출판사, 1985)에는 의가당총서의 『수서구장』을 수록한 『中國歷代算學集成』 上(山東人民出版社, 1994)에 없는 주석이 **해법**과 **초고**의 여러 곳에 나타난다. 반면에 『中國歷代算學集成』에 있는 세가지 계산은 나타나지 않는데. 남원상은 **그림 해설**을 추가해서 해법의 정당성을 밝히고 있다.

一 망산고원(望山高遠)

【수서 1】 **문제** 이름 있는 산이 성으로부터 멀리 떨어진 곳에 있는데, 그 높이와 거리는 알지 못한다. 성 밖의 평지에 높이 2장 3자의 나무가 한 그루 있다. 이를 앞의 푯말이라고 가정하자. 이에 뒤의 푯말을 세우는데, 나무와 높이가 같고 서로 사이의 거리는 164보이다. 먼저 앞의 푯말에서 3장 9치 물러나고 다음에 뒤의 푯말에서 3장 1자 3치 물러나서, 산봉우리를 비스듬히 바라보면 각각 푯말의 꼭대기와 더불어 가지런히 합치된다. 사람 눈의 높이는 5자이고, 1리는 360보이며, 1보는 5자이다. 산의 높이와 거리가 각각 얼마인지 알고자 한다.
問 名山去城 不知高遠 城外平地 有木一株 高二丈三尺 假爲前表 乃立後表 與木齊高 相去一百六十四步 先退前表三丈九寸 次退後表三丈一尺三寸 斜望山峯 各與其表之端參合 人目高五尺 里法三百六十步 步法五尺 欲知山高及遠各幾何

답 높이 20.5리 $3\frac{3}{5}$보

거리 27리 $328\frac{67}{575}$보

答[1]曰 高二十里半零三步五分步之三
遠二十七里三百二十八步五百七十五分步之六十七

해법 이 문제를 구고법으로 푸는데, 중차를 이용한다. 두 푯말에서 물러난 거리를 놓고, 서로 뺀 나머지를 높이의 법이라고 하자. 두 푯말 사이의 거리, 즉 표간에 법을 더하여 위에 놓고, 푯말의 높이에서 눈의 높이를 뺀 나머지를 위에 놓은 수에 곱하여 높이의 실이라고 하자. 〔높이의〕 실을 〔높이의〕 법으로 나누면 산의 높이를 얻는다. 「주: 이 관계를 살펴보면, 〔이 결과는〕 사람 눈 위의 산의 높이이다. 마땅히 사람 눈의 높이를 더해야 산의 높이가 된다.」

〔높이의〕 법을 푯말의 높이에 곱하여 거리의 법이라고 하자. 뒤의 푯말에서 물러난 거리를 높이의 실에 곱하여 거리의 실이라고 하

1) 의가당총서의 『수서구장』에는 '荅'으로 되어 있다.

자. 〔거리의〕 실을 〔거리의〕 법으로 나누면 산까지의 거리를 얻는다. 「주: 산까지의 거리를 구하는 과정을 살펴보면, 마땅히 높이의 법이 거리의 법이 되고, 뒤의 푯말에서 물러난 거리를 표간과 〔높이의〕 법의 합에 곱한 값이 실이 된다. 〔실을 거리의 법으로 나누면〕 곧 〔푯말〕 뒤의 사람과 산 사이의 거리를 얻는다. 이제 뒤의 푯말에서 물러난 거리를 높이의 실에 곱하면 〔거리의〕 실이 된다. 여기서 높이의 실은 눈의 높이를 푯말의 높이에서 뺀 값을 표간과 〔높이의〕 법의 합에 곱한 수이다. 한편, 거리의 법도 당연히 눈의 높이를 푯말의 높이에서 뺀 값을 높이의 법에 곱한다. 그런데 지금은 이와 달리 푯말의 높이를 곱하는 즉 성공을 거둘 수 없는 해법이 된다.」

초고 뒤의 푯말에서 물러난 거리 3장 1자 3치를 놓고, 앞의 푯말에서 물러난 거리 3장 9치를 뺀 나머지 4치가 높이의 법이 된다. 나무와 푯말 사이의 거리 164보를 놓고, 보법〔1보=50치〕으로 환산하여 얻은 8,200치가 표간이 된다. 이에 법 4치를 더하여 얻은 8,204치를 위에 놓는다. 푯말의 높이 2장 3자에서 눈의 높이 5자를 뺀 나머지를 치로 고치면 180치가 되고, 위에 놓은 수에 곱하여 얻은 1,476,720치가 높이의 실이 된다. 실을 높이의 법으로 나누면 369,180치의 적치를 얻는다. 다음으로 보법〔1보=50치〕으로 이를 나누면 7,383$\frac{3}{5}$보를 얻는다. 다음으로 이법〔1리=360보〕으로 이를 나누어 얻은 20리 183$\frac{3}{5}$보가 산의 높이이다. 「주: 살펴보면 사람 눈의 높이 5자를 더한 값, 즉 당연히 1보 더 큰 값이 산의 높이이다.」

다음에 법 4치를 푯말의 높이 2장 3자에 곱하여 얻은 920치가 거리의 법이 된다. 「주: 살펴보면 사람 눈의 높이 5자를 푯말의 높이 2장 3자에서 뺀 나머지 1장 8자를 법 4치에 곱하여 얻은 720치가 거리의 법이 되어야 한다.」 뒤의 푯말에서 물러난 거리 3장 1자 3치를 높이의 실 1,476,720치에 곱하여 얻은 462,213,360치가 거리의 실이 된다. 실을 법 920치로 나누어 얻은 502,405$\frac{19}{23}$치가 적치가 된다. 「주: 살펴보면 거리의 실을 거리의 법 720치로 나누어 얻은 641,963치가 적치가 된다.」 이에 보법 50치를 거리의 법 920에 곱하여 얻은 46,000치가 법이 되고, 역시 거리의 실을 나누면 10,048보와 부진〔나머지〕 5,360을 얻는다. 부진과 법이 더불어 같은 것〔최대 공약수〕을 구하면 함께 80을 얻는다. 이것으로 약분하면 $\frac{67}{575}$보를 얻는다. 또 이법 360보로 나누어 얻은 27리 328$\frac{67}{575}$보가 산과 뒤의 푯말 뒤에서 바라보고 있는 사람이 서 있는 곳까지의 거리이다.「주: 살펴보면, 적치 641,963치를 놓고 보법 50치로 이를 나누면 12,839$\frac{13}{50}$보를 얻는다. 다음에 이법 360보로 이를 나누어 얻은 35리 239$\frac{13}{50}$보가 산과 뒤의 푯말 뒤에서 바라보고 있는 사람이 서 있는 곳까지의 거리이다.」

術曰 以句股求之 重差入之 置二退表 相減 餘爲高法 通表間倂法於上 以目高減表高 餘乘上 爲高實 實如法而一 得山高「按此係 人目上之山高 當加人目高 爲山高」

以法 乘表高 爲遠法 以退後表 乘高實 爲遠實 實如法而一 得山去「按求山去者 當以高法 爲遠法 以退後表 乘表間幷法 爲實 則得後人目距山之遠也 今以退後表 乘高實 爲實 而高實 乃目高減表高 乘表間幷法之數 則遠法 亦當以目高減表高 乘高法 而今則以表高乘之 則術不得成也」(「…」 안은 의가당총서에는 없음)

草曰 置後退表三丈一尺三寸 減前退表三丈九寸 餘四寸 爲高法 置表去木一百六十四步 以步法五十寸 通得八千二百寸 爲表間 倂法四寸 得八千二百四寸 於上 以目高五尺 減表高二丈三尺 餘通之 爲一百八十寸 乘上 得一百四十七萬六千七百二十寸 爲高實 實如高法四寸而一 得三十六萬九千一百八十寸 爲積寸 次以步法五十寸 約之 得七千三百八十三步五分步之三 次以里法三百六十步 約之 得二十里一百八十三步五分步之三 爲山高「按 加人目高五尺 則當多一步 爲山高」

次以法四寸 乘表高二丈三尺 得九百二十 爲遠法「按 以人目高五尺 減表高二丈三尺 餘爲一丈八尺 以法四寸 乘得七百二十 爲遠法」以退後表三丈一尺三寸 乘高實一百四十七萬六千七百二十寸 得四億六

千二百二十一萬三千三百六十寸 爲遠實 實如遠法九百二十寸而一 得五十萬二千四百五寸二十三分寸之一十九 爲積寸「按 遠實如遠法七百二十寸而一 得六十四萬一千九百六十三寸 爲積寸」乃以步法五十寸 乘遠法九百二十 得四萬六千寸 爲法 亦除遠實 得一萬四十八步不盡五千三百六十 與法求等 得八十俱 以約之 爲五百七十五分步之六十七 又以里法三百六十步 約得二十七里三百二十八步五百七十五分步之六十七 爲山去後表人立望處「按 置積寸六十四萬一千九百六十三寸 以步法五十寸 約之 得一萬二千八百三十九步五十分步之一十三 次以里法三百六十步 約之 得三十五里二百三十九步五十分步之一十三 爲山去後表人立望處」(「…」안은 의가당총서에는 없음)

☞ **역자 주**: 이 문제는 [해도 1]과 같은 상황을 다루고 있다. 차이점은 [해도 1]에서는 눈을 땅에 붙이고 산봉우리를 관찰하는데, 이 문제에서는 서서 관찰하고 있다. 그런데 아래의 풀이에서 밝혀지듯이, 문제의 풀이에서 이런 차이점을 제대로 반영하지 못해서 잘못된 답을 제시했다.

해법과 초고에서 산의 높이를 구한 과정을 다음과 같이 요약할 수 있다. 여기서 '높이의 법'은 '두 푯말에서 물러난 거리의 차'이고 '표간'은 '두 푯말 사이의 거리'를 뜻한다.

$$\frac{\{(\text{표간})+(\text{높이의 법})\}\times\{(\text{푯말의 높이})-(\text{눈의 높이})\}}{(\text{높이의 법})} \quad \cdots\cdots ①$$

$$=\frac{\{(164\times 50+(313-309)\}\times(230-50)}{313-309}$$

$$=\frac{(8200+4)\times 180}{4}=\frac{8204\times 180}{4}=\frac{1476720}{4}$$

$$=369180(\text{치})=7{,}383\frac{3}{5}\text{보}=20\text{리 }183\frac{3}{5}\text{보}=20.5\text{리 }3\frac{3}{5}\text{보}$$

그런데 주석에서 지적한 대로 위에서 구한 값은 사람 눈 위의 산의 높이이며, 사람 눈의 높이 5자(=1보)를 더해야 산의 높이를 얻는다.

다음으로 산과 사람 사이의 거리를 구한 과정을 다음과 같이 요약할 수 있다. 여기서 '높이의 실'은 위에서 산의 높이를 구할 때의 분모를 뜻한다.

$$\frac{(\text{뒤의 푯말에서 물러난 거리})\times(\text{높이의 실})}{(\text{높이의 법})\times(\text{푯말의 높이})}$$

$$= \frac{313 \times 1476720}{4 \times 230} = \frac{462213360}{920} = \frac{11555334}{23} = 502405\frac{19}{23} \text{(치)}$$

[또는]

$$= \frac{462213360}{920 \times 50} = 10048\frac{5360}{46000} = 10048\frac{67}{575} \text{(보)} = 27\text{리 } 328\frac{67}{575} \text{ 보}$$

그런데 이 값도 주석에서 지적한 대로 정확하지 않다. 정확한 값을 구하려면 다음과 같이 식 ①의 분모에 있는 '푯말의 높이'를 '푯말의 높이에서 사람 눈의 높이를 뺀 값'으로 바꾸어야 한다.

$$\frac{(\text{뒤의 푯말에서 물러난 거리}) \times (\text{높이의 실})}{(\text{높이의 법}) \times \{(\text{푯말의 높이}) - (\text{눈의 높이})\}} \quad \cdots\cdots \text{②}$$

$$= \frac{313 \times 1476720}{4 \times (230 - 50)} = \frac{462213360}{720} = 641963\text{(치)}$$

$$= 12839\frac{23}{50} \text{(보)} = 35\text{리 } 239\frac{67}{575} \text{ 보}$$

식 ①과 ②를 결합하면, 산과 사람 사이의 거리는 다음 식으로 구할 수 있다.

$$\frac{(\text{뒤의 푯말에서 물러난 거리}) \times \{(\text{표간}) + (\text{높이의 법})\}}{(\text{높이의 법})} \quad \cdots\cdots \text{③}$$

식 ①과 ③은 아래의 그림 해설에서 그림을 통해 그 정당성이 밝혀진다.

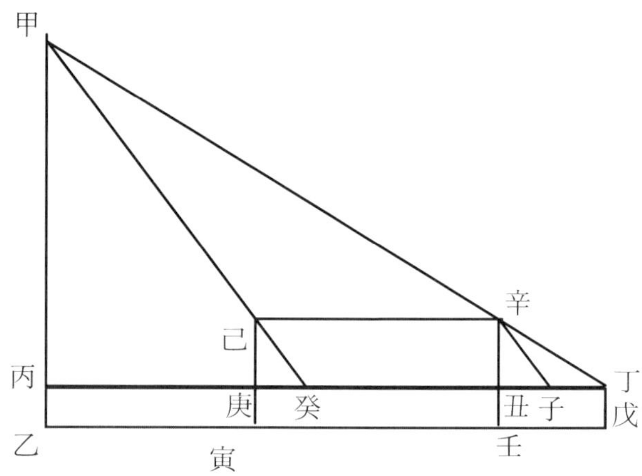

그림 해설 甲乙은 산의 높이라 하고, 己庚[2]은 앞의 푯말로 가정한 나무이며, 辛壬은 뒤의 푯말이라고 하자. 丁戊는 사람 눈의 높이로 丙乙과 같다고 하자. 庚癸는 앞의 푯말에서 물러난 거리이고, 丑丁은 뒤의 푯말에서 물러난 거리이다. 庚丑은 나무와 푯말 사이의 거리, 즉 표간으로 癸子와 같고, 子丁은 물러난 두 거리의 차이다. 辛壬

2) 원래의 그림에는 없는 '寅'자를 추가했다. 나무는 己庚보다는 己寅이 더 적절하다.

은 푯말의 높이이며, 사람 눈의 높이 丁戊와 같은 丑壬을 뺀 나머지 辛丑은 두 높이〔푯말의 높이와 사람 눈의 높이〕의 차이다. 드디어 두 직각 삼각형 辛丑丁과 甲丙丁은 서로 닮은 도형이고, 두 직각 삼각형 辛子丁과 甲癸丁도 또한 서로 닮은 도형이다. 그러므로 물러난 두 거리의 차 子丁과 「주: 산의 높이를 구하는 즉 높이의 법이 되고, 산까지의 거리를 구하는 즉 거리의 법이 된다.」 두 높이의 차 辛丑의 비는 표간에 법을 더한 癸丁과 「주: 표간 癸子와 물러난 두 거리의 차 子丁을 더하면 癸丁을 얻는다.」 사람 눈 위의 높이 甲丙의 비가 같다. 이에 눈의 높이 丙乙을 더하면, 甲乙을 얻어 산의 높이가 된다.

산과 푯말 뒤의 사람이 서서 바라보는 곳까지의 거리를 구하는 것은, 이는 丙丁 또는 乙戊이다. 물러난 두 거리의 차 子丁과 뒤의 푯말에서 물러난 거리 丑丁의 비는 표간에 법을 더한 癸丁과 산으로부터 사람이 서 있는 곳까지의 거리 丙丁의 비와 서로 같다.

圖解曰　甲乙爲山高　己庚爲木假爲前表　辛壬爲後表　丁戊爲人目高　與丙乙等　庚癸爲退前表　丑丁爲退後表　庚丑爲木表相去　卽表間　與癸子等　子丁爲兩退之較　辛壬表高　內減與丁戊目高　相等之丑壬　餘辛丑爲兩高之較　遂成辛丑丁甲丙丁同式句股形　而辛子丁與甲癸丁又爲同式形　故以子丁兩退之較「求山高 則爲高法 求山去 則爲遠法」與辛丑兩高之較 若癸丁表間倂法「癸子表間 加子丁兩退較 得癸丁」與甲丙人目上之高 乃加人目高丙乙 得甲乙 爲山高也

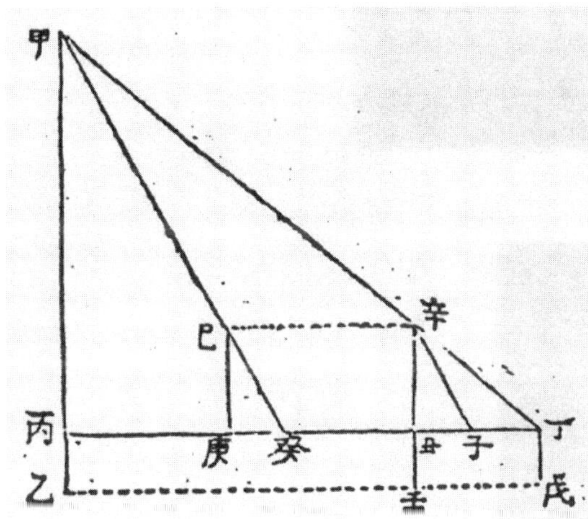

求山去後表人立望處者 是丙丁或乙戊也 以子丁兩退之較 與丑丁退後表 若癸丁表間倂法 與丙丁山去人立處也

☞ **약해**: 그림 해설을 [보완하고] 기호를 이용해서 먼저 산의 높이를 구하는 과

정을 요약하면 다음과 같다.

△辛丑丁∽△甲丙丁이고 △辛子丁∽△甲癸丁이므로, [△辛丑子≡△己庚癸∽△甲丙癸이고] 다음이 성립한다.

$$\frac{\text{丑丁}}{\text{辛丑}}=\frac{\text{丙丁}}{\text{甲丙}}\ \cdots\cdots\ ①,\quad \frac{\text{丑子}}{\text{辛丑}}=\frac{\text{丙癸}}{\text{甲丙}}$$

두 식의 차에서 다음을 얻는다.

$$\frac{\text{丑丁}-\text{丑子}}{\text{辛丑}}=\frac{\text{丙丁}-\text{丙癸}}{\text{甲丙}},\quad \text{즉},\quad \frac{\text{子丁}}{\text{辛丑}}=\frac{\text{癸丁}}{\text{甲丙}}\ \cdots\cdots\ ②$$

그러므로 사람 눈 위의 산의 높이 甲丙은 다음과 같다.

$$\begin{aligned}\text{甲丙}&=\text{辛丑}\times\text{癸丁}\div\text{子丁}\\&=(23-5)\times\{164\times5+(31.3-30.9)\}\div(31.3-30.9)\\&=18\times820.4\div0.4=36918(\text{자})=7383.6(\text{步})\\&=20\text{리}\ 183\tfrac{3}{5}\text{步}=20.5\text{리}\ 3\tfrac{3}{5}\text{步}\end{aligned}$$

따라서 산의 높이 甲乙은 다음과 같다.

$$\begin{aligned}\text{甲乙}&=\text{甲丙}+\text{丙乙}\\&=36918+5=36923(\text{자})=7384.6(\text{步})\\&=20\text{리}\ 184\tfrac{3}{5}\text{步}=20.5\text{리}\ 4\tfrac{3}{5}\text{步}\end{aligned}$$

다음으로 산과 사람 사이의 거리를 구하는 과정은 다음과 같다.

식 ②의 각 변을 식 ①의 대응하는 변으로 나누면 다음을 얻는다.

$$\frac{\text{子丁}}{\text{丑丁}}=\frac{\text{癸丁}}{\text{丙丁}}$$

그러므로 산과 사람 사이의 거리 丙丁은 다음과 같다.

$$\begin{aligned}\text{丙丁}&=\text{丑丁}\times\text{癸丁}\div\text{子丁}\\&=31.3\times820.4\div0.4\\&=64196.3(\text{자})=12839.26(\text{步})\\&=35\text{리}\ 239\tfrac{13}{50}\text{步}\end{aligned}$$

三 임대측수(臨臺測水)

【수서 2】 **문제** 물가의 성곽에 높이가 3장인 돈대가 서 있는데, 그 위에 망루가 있고 그 아래 토대 측각의 너비는 2자이다. 돈대의 토대로부터 모래의 유출을 막는 말뚝까지의 거리〔언덕까지의 거리〕는 1장 2자이고, 말뚝 밖으로 쌓인 흙〔언덕〕의 높이는 5자로, 토대 아래와 평평해서 물이 불어 들면 토대까지 이른다. 지금 물이 빠진 거리의 다소를 알지 못한다. 사람이 망루 위의 난간으로부터 허리 사이에 찬 장대를 이용해서 밖으로 내어 물까지 비스듬히 보니, 길이가 4자 1치 5푼인 장대의 끝과 더불어 가지런히 합치된다. 사람 눈의 높이는 5자이다. 물이 빠졌을 때의 수면까지의 수직 깊이 및 돈대의 토대로부터 물이 닿는 곳까지의 마른 언덕의 비스듬한 거리가 각각 얼마인지 알고자 한다.

問 臨水城臺立高三丈 其上架樓 其下址側脚闊二尺 護下排沙下樁去址一丈二尺 外樁露土高五尺 與址下平遇水漲時浸至址 今水退不知多少 人從樓上欄杆腰串間虛駕一竿 出外斜望水際 得四尺一寸五分 乃與竿端參合 人目高五尺 欲知水退立深 涸岸斜長自臺址至水際 各幾何

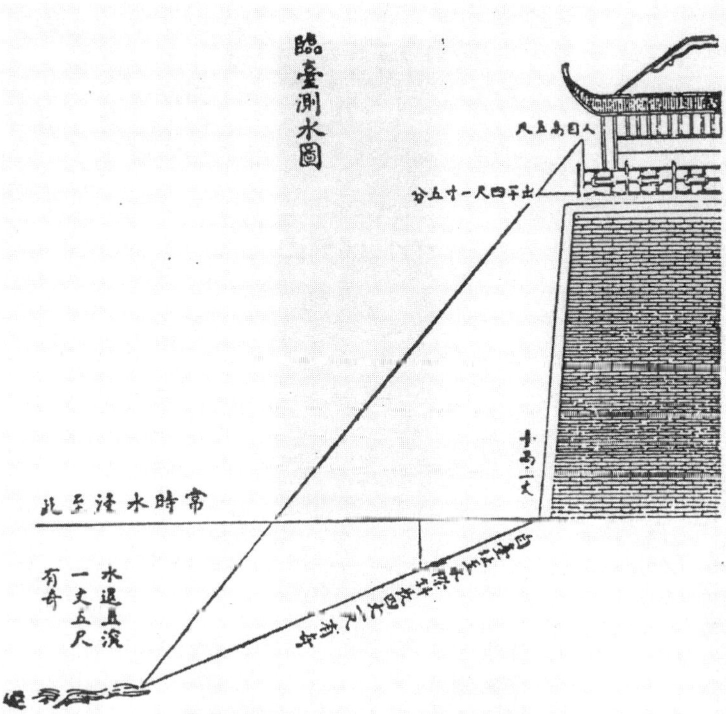

답 물이 빠졌을 때의 수면까지의 수직 깊이 1장 5$\frac{135}{157}$자

돈대의 토대로부터 물이 닿는 곳까지의 마른 언덕의 비스듬한 거리 4장 1$\frac{37}{157}$자

答曰 水退立深一丈五尺一百五十七分尺之一百三十五

涸岸自臺址至水際斜長四丈一尺一百五十七分尺之十七

해법 구고의 변법과 소광으로 이를 구한다. 물이 마른 언덕의 비스듬한 거리를 구하자. 밖으로 나온 장대의 길이를 놓고 돈대의 높이를 곱하여 단이라고 하자. 단에 말뚝과 돈대의 토대 사이의 거리를 곱하여 활범이라 하고, 단에 언덕의 높이를 곱하여 천범이라 하며, 눈의 높이를 말뚝과 돈대의 토대 사이의 거리에 곱하여 약범이라고 하자. 세 가지 범이 약분할 수 있으면, 이를 나누어 정률이 되고 약분할 수 없으면 율이 된다. 활률의 제곱을 활멱이라 하고 천율의 제곱을 천멱이라 하며, 활멱과 천멱의 합을 준멱이라고 하자. 다시 활멱에 곱하여 위에 놓는다. 돈대 높이의 제곱을 위에 놓은 수에 곱하여 준실이라고 하자. 다음으로 활률을 천율에 곱하여 기탁하자. 돈대의 높이를 활률에 곱하고 또 약률을 곱하여 얻은 수에서 기탁한 수를 뺀 나머지를 제곱하여 준우라고 하자. 준실과 준우를 시험하여 두 수를 약분할 수 있으면, 같은 수[최대 공약수]를 구하고 이를 나누어 준정실과 준정우라고 하자. 동체 연지 평방법으로 풀면 언덕의 비스듬한 거리를 얻는다. 「주: 동체격은 먼저 우를 평방법으로 풀어서 얻는 수를 동우라고 하자. 동우를 정실에 곱하고 이의 제곱근을 풀어 얻는 수를 실이라고 하자. 동우를 법으로 하여 나누면 준사를 얻는다. 동체 연지법을 살펴보면, 우는 분모가 되어 실로 고쳐 제곱근을 구한 뒤에 이를 나눈다. 만일 먼저 우의 제곱근을 구하여 얻은 수, 즉 실도 또한 마땅히 제곱근을 구한 뒤에 얻은 수로서 이를 나누어 준사를 얻는다. 동우는 사자에 곱하여 글이 남는다.」

물이 빠졌을 때의 수면까지의 수직 깊이를 구하기 위해서, 언덕 높이의 제곱을 놓고 준정실을 곱하여 깊이의 실이라 하고, 언덕까지

의 거리의 제곱과 언덕의 높이의 제곱을 더하여 준정우에 곱하여 깊이의 우라고 하자. 「주: 그 깊이의 실과 깊이의 우를 약분할 수 있으면 이를 나누고 이에 동체격을 적용한다.」 연지 평방법으로 풀면 물이 빠졌을 때의 수면까지의 수직 깊이를 얻는다.

초고 밖으로 나온 장대의 길이 4자 1치 5푼을 돈대의 높이 30자에 곱하여 얻은 124자 5치가 단이다. 말뚝과 돈대의 토대 사이의 거리 12자를 단에 곱하여 얻은 1,494자가 활범이고, 보호 언덕의 높이 5자를 단 124자 5치에 곱하여 얻은 622자 5치가 천범이며, 눈의 높이 5자를 말뚝과 돈대의 토대 사이의 거리 12자에 곱하여 얻은 60자가 약범이다. 세 수 활범과 천범 및 약범에 같은 수 1.5자를 얻어서, 모두 이것으로 나누면 그 활범은 996자를 얻어 활률이 되고 그 천범은 415자를 얻어 천율이 되고 그 약범은 40자를 얻어 약률이 된다. 활률 996을 제곱하여 얻은 992,016자가 활멱이고, 천율 415를 제곱하여 얻은 172,225자가 천멱이며, 활멱과 천멱의 두 멱을 더하여 얻은 1,164,241이 준멱이다. 활멱 992,016을 준멱에 곱하여 얻은 11,549억 4,569만 9,856자를 위에 놓는다. 또 돈대의 높이 30자를 제곱하여 얻은 900을 대고멱이라 하고, 위에 놓은 수에 곱하여 얻은 1,039조 4,511억 2,987만 400자가 준실이다. 다음에 활률 996을 천율 415에 곱하여 얻은 413,340을 기탁하자. 돈대의 높이 30을 활률 996에 곱하면 29,880을 얻는다. 또 약률 40에 곱하여 얻은 1,195,200에서 기탁한 수를 뺀 나머지는 781,860이다. 이를 제곱하여 얻은 6,113억 505만 9,600자가 〔준〕우이다. 〔준〕우와 주실의 같은 수를 구하면 2,480만 400을 얻는다. 모두 이것으로 나누어 얻은 4,191만 2,676자가 준정실이고, 24,649가 준정우이다. 동체 연지 평방법으로 풀면, 가까운 언덕에서 물이 닿는 곳까지의 비스듬한 거리를 얻는다. 동체격을 살펴보면, 이에 정우 24,649가 실이 되고 먼저 1을 우로 하여 제곱근을 구하여 얻은 157자를 동체의 법이라고 하자. 다음에 준정실 4,191만 2,676가 실이 되고 역시 1을 우로 하여 제곱근을 구하여 얻은 6,474자를 동체의 실이라고 하자. 〔동체의〕 실을 동체의 법 157로 나누면 41자 및 부진 37과 법 157을 얻는다. 같은 것을 구하면 1을 얻는다. 함께 1로 각각을 나누면, 그의 법과 나머지는 단지 같은 수를 얻는다. 이에 곧 이를 명하여 얻은 4장 1$\frac{37}{157}$자가 물이 마른 언덕에서 물이 닿는 곳까지의 비스듬한 거리이다.

물이 빠졌을 때의 수직 깊이를 구하기 위해서, 언덕의 높이 5자를 놓고 제곱하여 얻은 25를 안고멱이라고 하자. 이를 준정실 4,191만 2,676자에 곱하여 얻은 10억 4,781만 6,900을 심범이라고 하자. 언덕까지의 거리 12자를 제곱하여 얻은 144자를 거안멱이라고 하자. 이에 안고멱 25자를 더하면 169를 얻고, 준정우 24,649에 곱하여 얻은 416만 5,681을 우범이라고 하자. 〔심범과 우범의〕 두 범을 놓고 같은 것〔최대 공약수〕을 구하면 169를 얻는다. 함께 두 범을 나누어 얻은 620만 100이 〔심〕정실이고, 24,649가 심정우이다. 연지 평방법으로 풀면, 물이 빠졌을 때의 수면의 수직 높이를 얻는다. 동체격을 조사하자. 이에 심정우 24,649가 실이 되고, 먼저 1을 우라고 하여 제곱근을 구하여 얻은 157이 동체의 법이 된다. 다음에 심정실 620만 100이 실이 되고, 역시 1을 우라고 하여 제곱근을 구하여 얻은 2,490이 동체의 실이 된다. 실을 법 157로 나누면 15자 및 부진 135와 법 157을 얻는다. 같은 수를 구하면 1을 얻고, 함께 1로 각각을 나누면 법과 나머지로 단지 같은 수를 얻는다. 이에 곧 이를 명하여 얻은 1장 5$\frac{135}{157}$자가 물이 물어났을 때의 수직 깊이이다.

術曰 以句股變法 兼少廣求之 求涸岸斜長 置出竿乘臺高爲段 以去址[3)]乘段爲闊泛 以岸高乘段爲淺泛 以目高乘去址爲約泛 三泛可約者 約之爲定率 不可約徑爲率 以闊率自乘爲闊冪 以淺率自乘爲淺冪 併闊淺二冪共爲峻冪 復乘闊冪於上 以臺高冪乘上爲峻實 次以闊率乘淺率爲寄 以臺高數乘闊率 又乘約率得數 内減寄 餘自乘爲峻隅 驗峻實峻隅 兩者可約求等 約之爲峻定實峻定隅 開同體連枝平方 得峻岸斜長「同體格 先以隅開平方得數 名同隅 以同隅乘定實 開之得數爲實 以同隅爲法 除之得峻斜 '按同體連枝法 以隅爲分母通于實 而開方後約之也 若先以隅開方得數 則實亦當開方後 以得數除之得峻斜 以同隅乘四字衍文'」

3) 의가당총서에는 이곳과 아래 줄의 '址'가 '基'로 되어 있다.

求水退深 置岸高冪 乘峻定實 爲深實 以去岸冪 倂岸高冪 乘峻定隅 爲深隅「其深實深隅 可約 約之 仍以同體格入之」開連枝平方 得水退深 (「…」 안은 의가당총서에 있고 ‘ ’ 안는 없음)

草曰 以出竿四尺一寸五分 乘臺高三十尺 得一百二十四尺五寸 爲段 以去址一十二尺 乘段 得一千四百九十四尺 爲闊泛 以護岸高五尺 乘段一百二十四尺五寸 得六百二十二尺五寸 爲淺泛 以目高五尺 乘去址一十二尺 得六十尺 爲約泛 以闊泛淺泛約泛三者 求等 得一尺五寸 皆以約之 其闊泛 得九百九十六尺 爲闊率 其淺泛 得四百一十五尺 爲淺率 其約泛 得四十尺 爲約率 以闊率九百九十六 自乘 得九十九萬二千一十六尺 爲闊冪 以淺率四百一十五 自乘 得一十七萬二千二百二十五尺 爲淺冪 倂闊淺二冪 得一百一十六萬四千二百四十一 爲峻冪 以闊冪九十九萬二千一十六 乘峻冪 得一萬一千五百四十九億四千五百六十九萬九千八百五十六尺 於上 又以臺高三十尺 自乘 得九百 爲臺高冪 乘上 得一千三十九萬四千五百一十一億二千九百八十七萬四百尺 爲峻實 次以闊率九百九十六 乘淺率四百一十五 得四十一萬三千三百四十 爲寄 以臺高三十 乘闊率九百九十六 得二萬九千八百八十 又乘約率四千[4]得一百一十九萬五千二百 内減寄 餘七十七[5]萬一千八百六十尺 自乘 得六千一百一千[6]三億五百五萬九千六百尺 爲隅 以隅與峻實 求等 得二千四百八十萬四百 俱以約之 得四千一百九十一萬二千六百七十六尺 爲峻定實 得二萬四千六百四十九 爲峻定隅 開同體連枝平方 得峻岸至水際斜長 驗同體格 乃以定隅二萬四千六百四十九 爲實 先以一爲隅 開平方 得一百五十七爲同體法 次以峻定實四千一百九十一萬二千六百七十六(7)) 爲實 亦以一爲隅 開平方 得六千四百七十四尺 爲同體實 實如同體法一百五十七而一 得四十一尺不盡三十七 與法一百五十七 求等得一 俱以一各約之 其法與餘只得此數 乃直命之 得四丈一尺一百五十七分尺之三十七 爲淍岸斜長至水際

求退水深 置岸高五尺 自乘 得二十五 爲岸高冪 乘峻定實四千一百九

4) ‘千’은 ‘十’의 오기
5) ‘七’은 ‘八’의 오기
6) ‘千’은 ‘十’의 오기
7) ‘尺’ 낙자

十一萬二千六百七十六尺 得一十億四千七百八十一萬六千九百 爲深泛 以去岸一十二尺 自乘 得一百四十四尺 爲去岸冪 併岸高冪二十五 得一百六十九 以乘峻定隅二萬四千六百四十九 得四百一十六萬五千六百八十一 爲隅泛 置二泛 求等 得一百六十九 俱約二泛 得六百二十萬一百 爲定實 得二萬四千六百四十九 爲深定隅 開連枝平方 得水退立深 驗同體格 乃以深定隅二萬四千六百四十九爲實 先以一爲隅開平方 得一百五十七 爲同體法 次以深定實六百二十萬一百爲實 亦以一爲隅 開平方 得二千四百九十 爲同體實 實如法一百五十七而一 得一十五尺 不盡一百三十五 與法 求等 得一 俱以一各約法 餘只 得此數 乃直命之 得一丈五尺一百五十七分尺之一百三十五 爲水退立深

☞ **역자 주 1**: 해법과 초고에서 돈대의 토대로부터 물이 닿는 곳까지의 비스듬한 거리를 구한 과정을 다음과 같이 요약할 수 있다.

먼저, 다음과 같이 용어를 정의한다.

(단)=(밖으로 나온 장대의 길이)×(돈대의 높이)
=4.15×30=124.5,
(활범)=(단)×(말뚝과 돈대의 토대 사이의 거리)
=124.5×12=1494,
(천범)=(단)×(언덕의 높이)
=124.5×5=622.5,
(약범)=(눈의 높이)×(말뚝과 돈대의 토대 사이의 거리)
=5×12=60

'돈대의 높이'를 '대고'라고 하면 돈대의 토대로부터 물이 닿는 곳까지의 거리의 제곱은 다음과 같다.

(돈대의 토대로부터 물이 닿는 곳까지의 거리)^2

$$=\frac{(\text{대고})^2\cdot(\text{활범})^2\cdot\{(\text{활범})^2+(\text{천범})^2\}}{\{(\text{대고})\cdot(\text{활범})\cdot(\text{약범})-(\text{활범})\cdot(\text{천범})\}^2}\quad\cdots\cdots\ ①$$

[여기서 활범, 천범, 약범은 그 공약수 1.5로 나눈 활률 996, 천율 415자, 약률 40로 바꿀 수 있다.]

$$=\frac{(\text{대고})^2\cdot(\text{활률})^2\cdot\{(\text{활률})^2+(\text{천율})^2\}}{\{(\text{대고})\cdot(\text{활률})\cdot(\text{약률})-(\text{활률})\cdot(\text{천율})\}^2}\quad\cdots\cdots\ ②$$

$$= \frac{30^2 \times 996^2 \times (996^2 + 415^2)}{(30 \times 996 \times 40 - 996 \times 415)^2}$$

$$= \frac{900 \times 992,016 \times (992,016 + 172,225)}{(29,880 \times 40 - 413,340)^2}$$

$$= \frac{900 \times 992,016 \times 1,164,241}{(1,195,200 - 413,340)^2} = \frac{900 \times 1,154,945,699,856}{781,860^2}$$

$$= \frac{1,039,451,129,870,400}{611,305,059,600} = \frac{24,800,400 \times 41,912,676}{24,800,400 \times 24,649}$$

$$= \frac{41,912,676}{24,649} \left(= \frac{6474^2}{157^2} \right)$$

따라서 다음을 얻는다.

(돈대의 토대로부터 물이 닿는 곳까지의 거리)

$$= \frac{6474}{157} = 41\frac{37}{157} \text{(자)}$$

위의 공식 ① 또는 ②를 아래의 **그림 해설**에 있는 그림의 기호를 이용해서 나타내보자. (대고)=甲乙, (활범)=甲庚×甲乙×乙丙, (천범)=甲庚×甲乙×丙丁, (약범)=己庚×乙丙, 乙丙=丁辛, 丙丁=乙辛이므로, 다음을 얻는다.

(돈대의 토대로부터 물이 닿는 곳까지의 거리)

$$= \frac{(\text{대고}) \cdot (\text{활범}) \cdot \sqrt{(\text{활범})^2 + (\text{천범})^2}}{(\text{대고}) \cdot (\text{활범}) \cdot (\text{약범}) - (\text{활범}) \cdot (\text{천범})}$$

$$= \frac{(\text{대고}) \cdot \sqrt{(\text{활범})^2 + (\text{천범})^2}}{(\text{대고}) \cdot (\text{약범}) - (\text{천범})}$$

$$= \frac{\text{甲乙} \cdot \sqrt{(\text{甲庚} \times \text{甲乙} \times \text{乙丙})^2 + (\text{甲庚} \times \text{甲乙} \times \text{丙丁})^2}}{\text{甲乙} \cdot (\text{己庚} \times \text{乙丙}) - (\text{甲庚} \times \text{甲乙} \times \text{丙丁})}$$

$$= \frac{\text{甲乙} \cdot \text{甲庚}\sqrt{\text{乙丙}^2 + \text{丙丁}^2}}{(\text{己庚} \times \text{乙丙}) - (\text{甲庚} \times \text{丙丁})} \quad \cdots\cdots \text{③}$$

$$= \frac{\text{甲乙} \cdot \text{乙丁}}{\dfrac{\text{己庚} \times \text{丁辛}}{\text{甲庚}} - \text{丙丁}} = \frac{\text{甲乙} \cdot \text{乙丁}}{\text{壬辛} - \text{乙辛}} = \frac{\text{甲乙} \cdot \text{乙丁}}{\text{壬乙}} = \text{戊乙}$$

☞ **역자 주 2**: 해법과 초고에서 물이 빠졌을 때 수면까지의 수직 깊이를 구한 과정을 다음과 같이 요약할 수 있다.

공식 ① 또는 ②로부터 얻은 분수를 약분한 뒤의 분모를 '준정실'이라 하고 분자를 '준정우'라고 한다. 언덕의 높이를 '안고'라 하고 언덕까지의 거리(말뚝과 돈대의 토대 사이의 거리)를 '거안'이라고 하면, 다음을 얻는다.

(물이 빠졌을 때 수면까지의 수직 깊이)^2

$$= \frac{(\text{안고})^2 \cdot (\text{준정실})}{\{(\text{안고})^2 + (\text{거안})^2\} \cdot (\text{준정우})} \quad \cdots\cdots \text{④}$$

$$= \frac{5^2 \times 41,912,676}{(5^2+12^2)\times 24,649} = \frac{25\times 41,912,676}{169\times 24,649}$$

$$= \frac{1,047,816,900}{416,5681} = \frac{169\times 6,200,100}{169\times 24,649}$$

$$= \frac{6,200,100}{24,649} \left(= \frac{2490^2}{157^2}\right)$$

따라서 다음을 얻는다.

(물이 빠졌을 때 수면까지의 수직 깊이)

$$= \frac{2490}{157} = 15\frac{135}{157}\,(\text{자})$$

위의 공식 ④를 아래의 **그림 해설**에 있는 기호를 이용해서 나타내보자. (안고)=丙丁이고 (거안)=乙丙이므로, 공식 ③에서 출발하면 다음을 얻는다.

(물이 빠졌을 때 수면까지의 수직 깊이)

$$= \frac{\text{丙丁}}{\sqrt{\text{丙丁}^2+\text{乙丙}^2}} \cdot \frac{\text{甲乙}\cdot\text{甲庚}\sqrt{\text{乙丙}^2+\text{丙丁}^2}}{(\text{己庚}\times\text{乙丙})-(\text{甲庚}\times\text{丙丁})}$$

$$= \frac{\text{丙丁}\cdot\text{甲乙}\cdot\text{甲庚}}{(\text{己庚}\times\text{乙丙})-(\text{甲庚}\times\text{丙丁})} \ [\text{또는}] = \frac{\text{丙丁}\cdot\text{戊乙}}{\text{乙丁}}$$

그림 해설 甲乙은 돈대의 높이이고, 乙丙은 말뚝과 돈대의 토대 사이의 거리이며, 丙丁은 언덕의 높이이고, 乙戊는 돈대의 토대로부터 물이 닿는 곳까지의 비스듬한 거리, 곧 준사라고 하자. 己庚은 사람 눈의 높이이고, 甲庚은 밖으로 나온 장대이며, 戊癸는 수면까지의 수직 깊이라고 하자. 丁에서 乙丙

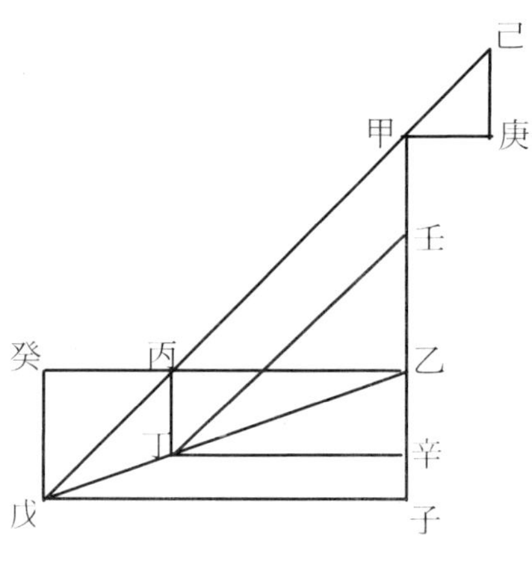

에 평행한 선 丁辛을 긋고, 乙에서 丙丁에 평행한 선 乙辛을 그으며, 丁에서 甲戊에 평행한 선 丁壬의 선을 긋는다. 드디어 두 직각 삼각형 壬丁辛과 己甲庚은 서로 닮은 도형이고, 세 직각 삼각형 乙辛丁과 乙丙丁〔丁丙乙〕 및 乙癸戊〔戊癸乙〕는 서로 닮은 도형이며, 두 삼각형 乙丁壬과 乙戊甲도 또한 서로 닮은 도형이다.

그러므로 밖으로 나온 장대인 작은 구 甲庚과 사람 눈의 높이인 작은 고 己庚의 비는 말뚝과 토대 사이인 큰 구 丁辛「주: 丙乙과 서로 같음」과 壬辛의 비는 서로 같다. 이렇게 큰 고〔壬辛〕의 값을 얻는다. 이에 언덕의 높이 乙辛「주: 丙丁과 서로 같음」을 뺀 나머지 壬乙은 언덕 높이의 차이다. 또 언덕 높이의 차 壬乙과 작은 빗변 乙丁의 비는 돈대의 높이 甲乙과 돈대의 토대로부터 물이 닿는 곳까지의 거리 戊乙의 비와 서로 같다.

물이 빠진 깊이〔癸戊〕를 구하자. 곧 작은 빗변인 작은 현 乙丁과 언덕의 높이인 작은 구 丙丁의 비는 준사인 큰 현 戊乙과 물이 빠진 깊이인 큰 구 癸戊의 비는 서로 같다. 다른 방법으로, 두 오변형 壬乙丁丙과 甲乙戊癸는 서로 닮은 도형이다. 그러므로 壬乙과 丁丙의 비는 甲乙과 癸戊의 비와 서로 같다. 해법의 초고는 번잡하고 어렵다. 그러므로 이를 간단한 방법으로 계산했다.

물이 마른 언덕의 비스듬한 거리를 구하자. 밖으로 나온 장대 甲庚의 4자 1치 5푼을 1률이라 하고, 사람 눈의 높이 己庚의 5자를 2율이라 하며 말뚝과 토대 사이의 거리인 丁辛의 12자를 3률이라고 하자. 2율과 3률을 서로 곱하면 60자를 얻는다. 당연히 이를 1률로 나누면 4율을 얻는데, 부진이 있다. 그러므로 이에 60자를 대라 하고, 밖으로 나온 장대 甲庚의 4자 1치 5푼을 분모로 하여 나누면 壬辛의 수를 얻는다. 언덕의 높이 丙丁의 5자를 분모〔4자 1치 5자〕에 곱하면 20자 7치 5푼을 얻는다. 壬辛에서 빼서 얻은 수인 나머지 39자 2치 5푼을 대라 하고 이를 분모로 나누면 언덕 높이의 차 壬乙을 얻는데, 이것이 1률이다. 말뚝과 토대 사이의 거리 乙丙의 12자를 제곱하여 얻은 144자를 활멱이라 하고, 언덕의 높이 丙丁의 5자를 제곱하여 얻은 25자를 천멱이라 하며, 두 멱을 더하여 얻은 169자를 준멱이라고 하자. 밖으로 나온 장대 甲庚 4자 1치 5푼의 분모를 제곱하여 얻은 17자 22치 25푼을 분모멱이라고 하며, 준멱에 곱하여 얻은 2,910자 60치 25푼을 대라고 하자. 분모멱과 작은 빗변 乙丁의 제곱의 곱이 2율이다. 돈대의 높이 甲乙의 30자를 제곱하여 얻은 900자를 얻어 대고멱이라 하며, 이것이 3률이다. 2율과 3률을 서로 곱하면 2,619,542자 25치를 얻고, 제곱근을 구하면 1,618자 5치를 얻는다. 이를 1률의 39자 2치 5푼으로 나누면 41 $\frac{925}{3925}$자를 얻는다. 같은 것[최대 공약수]을 구하여 얻은 25로 이를 약분하면 $\frac{37}{157}$을 얻는다. 「주: 동체 연지술로 이를 구하면 다음과 같다. 1률의 39자 2치 5푼을 제곱하여 얻은 1,540자 56치 25푼을 우라고 하자. 2율과 3률을 서로 곱해서 얻은 2,619,542자 25치를 실이라고 하자. 우를 실에 우를 곱하면 40경 3,556조 8,557억 5,156만 2,500을 얻고, 이에 제곱근을 구하면 6억 3,526만 1,250을 얻는다. 이를 우 1,540만 5,625로 나누면 41 $\frac{3,630,625}{15,405,625}$를 얻는다. 같은 것[최대 공약수]을 구하여 얻은 98,125로 이를 약분하면 $\frac{37}{157}$을 얻는다.」 물음에 합당하다.

물이 물러났을 때의 수직 깊이를 구하자. 말뚝과 토대 사이의 거리 乙丙의 12자를 제곱하여 얻은 144자가 활멱이고, 언덕의 높이 丙丁의 5자를 제곱하여 얻은 25자가 천멱이며, 두 멱을 더하면 169자를 얻는다. 제곱근을 구하여 얻은 13자가 작은 현으로, 1률이 된다. 언덕의 높이 丙丁의 5자는 작은 구로, 2율이 된다. 戊乙의 41 $\frac{37}{157}$자를 통분하여 분자를 구하여 얻은 6,474푼을 큰 현이라 하고, 3률이라 하자. 2율과 3률을 서로 곱하면 32,370푼을 얻고, 이를 1률로 나누면 2,490푼을 얻는다. 분모 157로 이를 나누면 15 $\frac{135}{157}$자를 얻는다. 「주: 다른 방법은 壬乙 39자 2치 5푼이 1률이라 하자. 壬乙 내에는 밖으로 나온 장대인 분모가 있다. 그러므로 분모 4자 1치 5푼을 곱하면 언덕의 높이 丙丁의 5자에 곱하여 얻은 20.75자를 2율이라고 하자. 큰 고 甲乙의 30자를 3률로 하면, 4율인 물이 물러났을 때의 깊이 戊癸의 1장 5

$\frac{3,375}{3,925}$자를 얻는다. 같은 것〔최대 공약수〕을 구하면 25를 얻고, 이 것으로 나누면 $\frac{135}{157}$자를 얻는다.」 물음에 합당하다.

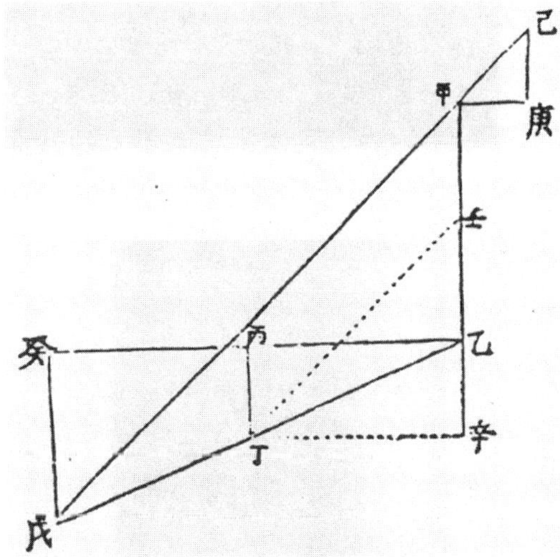

圖解曰 甲乙爲臺高 乙丙爲椿去臺址 丙丁爲岸高 乙戊爲臺址至水際 卽峻斜 己庚爲人目高 甲庚爲出竿 戊癸爲水面立深 自丁與乙丙平行作丁辛線 自乙與丙丁平行作乙辛線 自丁與戊甲平行作丁壬線 遂成壬丁辛己甲庚同式句股形 及乙辛丁乙丙丁〔丁丙乙〕乙癸戊〔戊癸乙〕三同式句股形 而乙丁壬與乙戊甲又爲同式形

故以甲庚出竿小句 與己庚人目高小股 若丁辛椿去址「與丙乙等」大句與壬辛 得數大股 乃減乙辛岸高「與丙丁等」餘壬乙爲岸高差 又以壬乙岸高差 與乙丁小斜邊 若甲乙臺高 與戊乙臺址至水際也

求水退深 則以乙丁小斜邊小弦 與丙丁岸高小句 若戊乙峻斜大弦 與癸戊水退深大句也 又法壬乙丁丙與甲乙戊癸爲同式五邊形 故以壬乙與丙丁 若甲乙與癸戊也 術草繁難 故以簡法算之

求涸岸斜長 以甲庚出竿四尺一寸五分 爲一率 己庚人目高五尺 爲二率 丁辛椿去址一十二尺 爲三率 以二三率 相乘 得六十尺 當以一率除之 得四率 而有不盡 故仍以六十尺爲帶 甲庚出竿四尺一寸五分 分母之壬辛得數 以丙丁岸高五尺乘分母 得二十尺七寸五分 以減壬辛得數 餘三十九尺二寸五分 爲帶分母之 壬乙岸高差 爲一率 以乙丙椿去址一十二尺自乘 得一百四十四尺爲闊冪 以丙丁岸高五尺自乘 得二十五尺爲淺冪 幷二冪 得一百六十九尺爲峻冪 以甲庚出竿四尺一寸五分分母自乘 得一十七尺二十二寸二十五分爲分母冪 以乘峻冪 得二千九百一十尺六十寸二十五分爲帶分母冪之 乙丁小斜邊冪爲二率 以甲乙臺高三十尺自乘 得九百尺爲臺高冪爲三率 以二三率相乘 得二百六十

一萬九千五百四十二尺二十五寸 開方 得一千六百一十八尺五寸 以一率三十九尺二寸五分 除之 得四十一尺三千九百二十五分尺之九百二十五 求等得二十五 約之 得一百五十七分尺之三十七「以同體連枝術求之 以一率三十九尺二寸五分自乘 得一千五百四十尺五十六寸二十五分爲隅 以二三率 相乘 所得二百六十一萬九千五百四十二尺二十五寸爲實 以隅乘實 得四十垓[8]三千五百五十六兆八千五百五十七億五千一百五十六萬二千五百 乃開平方 得六億三千五百二十六萬一千二百五十 以隅一千五百四十萬五千六百二十五 除之 得四十一又一千五百四十萬五千六百二十五分之三百六十三萬六百二十五 求等得九萬八千一百二十五 約之 得一百五十七分之三十七也」合問

求水退深 以乙丙椿去址一十二尺自乘 得一百四十四尺爲闊冪 丙丁岸高五尺自乘 得二十五尺爲淺冪 幷二冪 得一百六十九尺 開平方 得一十三尺爲小弦 以爲一率 丙丁岸高五尺爲小句 以爲二率 戊乙四十一尺一百五十七分尺之三十七 通分納子 得六千四百七十四分爲大弦 以爲三率 以二三率 相乘 得三萬二千三百七十分 以一率除之 得二千四百九十分 以分母一百五十七 約之 得一十五尺一百五十七分尺之一百三十五 「一法 以壬乙三十九尺二寸五分 爲一率 壬乙内寄出竿分母故以分母四尺一寸五分 乘丙丁岸高五尺 得二十尺七寸五分 爲二率甲乙臺高三十尺 爲三率 得四率戊癸水退深一丈五尺三千九百二十五分尺之三千三百七十五 求等得二十五 約之 得一百五十七分尺之一百三十五也」合問

☞ **약해**: 그림 해설에서는, 먼저 그림을 이용해서 돈대의 토대로부터 물이 닿는 곳까지의 비스듬한 거리와 물의 수직 깊이를[물이 빠졌을 때 수면까지의 수직 깊이를] 구하는 원리를 설명하고 있다. 그 뒤에는 이를 구체적으로 계산하는 과정을 보여주고 있다.

그림 해설의 원리 설명과 계산 과정을 [기호를 이용해서] 함께 나타내면 다음과 같다.

---

8) '垓' 대신에 '京'(경)이 정확하다. 『묵사집산법』에서는 萬萬億($10^8 \cdot 10^8$)이 兆이고 萬萬兆($10^8 \cdot 10^{16}$)가 京이며 萬萬京($10^8 \cdot 10^{24}$)이 垓라고 되어 있다. 18세기 이전에는 이렇게 쓰였지만, 19세기 이후부터는 현재와 같이 萬億($10^4 \cdot 10^8$)을 兆, 萬兆($10^4 \cdot 10^{12}$)를 京, 萬京($10^4 \cdot 10^{16}$)을 垓라고 불렀다.

[돈대의 토대로부터 물이 닿는 곳까지의 비스듬한 거리]

△壬丁辛∽△己甲庚이므로 다음을 얻는다.

甲庚 : 己庚 = 丁辛 : 壬辛,

壬辛 = 己庚 × 丁辛 ÷ 甲庚 = 己庚 × 丙乙 ÷ 甲庚

$= 5 \times 12 \div 4.15 = \dfrac{60}{4.15}$ (자),

壬乙 = 壬辛 − 乙辛 = 壬辛 − 丙丁

$= \dfrac{60}{4.15} - 5 = \dfrac{39.25}{4.15}$ (자)

한편 직각 삼각형 乙丙丁의 현 乙丁의 제곱은 다음과 같다.

乙丁^2 = 乙丙^2 + 丙丁^2 $= 12^2 + 5^2 = 144 + 25 = 169 (= 13^2)$

이제, △乙丁壬∽△乙戊甲이므로 다음을 얻는다.

壬乙 : 乙丁 = 甲乙 : 戊乙,

4.15^2 × 壬乙^2 : 4.15^2 × 乙丁^2 − 甲乙^2 : 戊乙^2,

$39.25^2 : 4.15^2 \times 169 = 30^2$: 戊乙^2,

39.25^2 × 戊乙^2 $= 4.15^2 \times 169 \times 30^2 = 17.2225 \times 169 \times 900$

$= 2910.6025 \times 900 = 2619542.25 = (1618.5)^2$,

戊乙 $= \dfrac{1618.5}{39.25} = 41\dfrac{925}{3925} = 41\dfrac{37}{157}$ (자)

위에서 戊乙을 얻는 과정에서 먼저 각 항의 제곱을 구하고 있다. 이는, 그 아래에서 물의 깊이를 구할 때는 먼저 乙丁 $= \sqrt{169} = 13$을 구하고 제곱하는 과정 없이 답을 구하고 있다는 사실을 비추어 볼 때, 몹시 번거로운 계산이다. 그런데 주석에서는 다음과 같이 '동체 연지술'을 이용해서 더욱 더 복잡한 계산을 시행하고 있다.

4.15^2 × 壬乙^2 : 4.15^2 × 乙丁^2 = 甲乙^2 : 戊乙^2,

$$戊乙 = \frac{\sqrt{(4.15^2 \times 乙丁^2 \times 甲乙^2) \times (4.15^2 \times 壬乙^2)}}{4.15^2 \times 壬乙^2}$$

$$= \frac{\sqrt{261952.25 \times 1540.5625}}{1540.5625} = \frac{\sqrt{403556855751562500}}{15405625}$$

$$= \frac{635261250}{15405625} = 41\frac{3630625}{15405625} = 41\frac{37 \times 98125}{157 \times 98125} = 41\frac{37}{157}$$

[물이 빠졌을 때 수면까지의 수직 깊이]

△乙丙丁∽△乙癸戊이므로 다음을 얻는다.

乙丁 : 丙丁＝戊乙 : 癸戊,

癸戊＝丙丁×戊乙÷乙丁

$=5\times 41\frac{37}{157}\div\sqrt{12^2+5^2}$

$=5\times\frac{6474}{157}\div 13=(5\times 6474\div 13)\div 157$

$=(32370\div 13)\div 157=2490\div 157$

$=15\frac{135}{157}$ (자)

위의 깊이를 다음과 같은 또 다른 방법으로 구하고 있다.

[오목한] 오변형 壬乙丁丙과 甲乙戊癸은 서로 닮은 도형이므로[또는 □壬乙丁丙∽□甲乙戊癸이므로], 다음을 얻는다.

壬乙 : 丁丙＝甲乙 : 癸戊,

$\frac{39.25}{4.15}:5=30:$ 癸戊,

$39.25:5\times 4.15=30:$ 癸戊,

癸戊$=\{(5\times 4.15)\times 30\}\div 39.25=(20.75\times 30)\div 39.25$

$=\frac{622.5}{39.25}=\frac{62250}{3925}=15\frac{3375}{3925}=15\frac{135}{157}$ (자)

三 두안측수(陡岸測水)

【수서 3】 **문제** 행진하던 군대가 강을 만나서 멈추고, 부교를 만드는 데 필요한 대 껍질과 닻줄을 계산한다. 지금 줄을 수직으로 내려서 가파른 낭떠러지를 재었더니, 그 높이가 3장이다. 한 사람이 낭떠러지 위에 서서 수면의 너비를 측량하려고 한다. 6자의 장대를 곱자로 하여, 눈에서 5치 아래에 수평으로 유지하고 곱자의 밑이 턱에 닿게 한다. 멀리 저쪽 강기슭을 바라보면, 곱자의 끝과 더불어 서로 가지런하다. 또 이쪽 강기슭의 모래톱을 바라보면, 시선은 곱자의 끝에서 3자 4치 들어온 지점을 지난다. 사람 눈의 높이는 5자이다. 그 수면의 너비는 얼마인가?

問 行師遇水 須計篾纜搭造浮橋 今垂繩量陡岸高三丈 人立其上 欲測水面之闊 以六尺竿爲矩 平持去目下五寸 令矩本抵頤 遙望水彼岸 與矩端參相合 又望水此岸沙際 入矩端三尺四寸 人目高五尺 其水面闊幾何

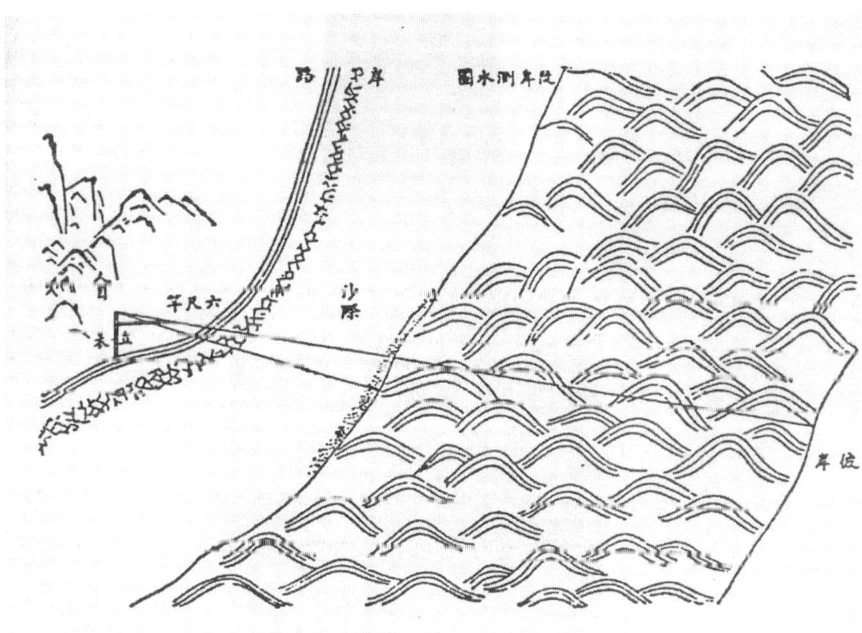

답 수면의 너비 23장 4자 6치
答曰 水闊二十三丈四尺六寸

해법 구고의 중차로 이를 구한다. 곱자가 눈 아래로부터 내려간 촌수를 놓고 법이라고 하자. 사람 눈의 높이와 낭떠러지의 높이의 합에서 법을 빼서 제거한 나머지에 「주: '빼서 제거한 나머지에'(減去法餘) 부분(四字)을 삭제하는 것이 마땅하다.」 곱자 끝에서 들어간 거리를 곱하여 실이라고 하자. 실을 법으로 나누면, 수면의 너비를 얻는다.

초고 곱자가 눈 아래로부터 내려간 거리 5치를 놓고 법이라고 하자. 사람 눈의 높이 5자와 낭떠러지의 높이인 3장에 더하면 3장 5자를 얻고 〔단위를〕 치로 환산하면 350치를 얻는다. 법 5치를 뺀 나머지 345치를 〔이쪽 낭떠러지의〕 모래톱을 볼 때 곱자 끝에서 들어간 거리 34치에 곱하여 얻은 11,730치를 실이라고 하자. 「주: 살펴보면 당연히 두 높이의 합 350치에 곱자의 끝에서 들어간 거리 34치를 곱하여 얻은 11,900치가 실이다.」 실을 법 5치로 나누면 2,346치를 얻고, 정돈하여 얻은 23장 4자 6치가 수면의 너비로 물음에 합당하다. 「주: 살펴보면 법 5치로 11,900치를 나누면 2,380치를 얻고, 정돈한 23장 8자가 수면의 너비이다.」

術曰 以句股重差求之 置矩去目下寸爲法 以人目併岸高 減去法餘「按 減去法餘 四字 當刪之」乘入矩端爲實 實如法而一 得水闊

草曰 置矩本去目下五寸爲法 以人目高五尺 併岸高三丈 得三丈五尺 通爲寸 得三百五十寸 減法五寸 餘三百四十五寸 乘沙際入矩端三十四寸 得一萬一千七百三十寸 爲實「按當 以兩高和三百五十寸 乘入矩端三十四寸 得一萬一千九百寸 爲實」實如法五寸而一 得二千三百四十六寸 展爲二十三丈四尺六寸(9))合問「按 以法五寸 除一萬一千九百寸 得二千三百八十寸 展爲二十三丈八尺 爲水面闊也」(「…」안은 의가당총서에는 없음)

9) '爲水闊' 낙자

☞ **역자 주**: 해법과 초고에서 수면의 너비를 구한 과정을 다음과 같이 요약할 수 있다.

$$
\begin{aligned}
&[\{(\text{사람 눈의 높이})+(\text{낭떠러지의 높이})-(\text{곱자와 눈 사이})\} \\
&\qquad \times(\text{곱자 끝에서 들어간 거리})]\div(\text{곱자와 눈 사이}) \\
&=\frac{(5\text{자}+3\text{장}-5\text{치})\times(3\text{자 }4\text{치})}{5\text{치}}=\frac{345\times 34}{5}=\frac{11730}{5} \\
&=2346(\text{치})=23\text{장 }4\text{자 }6\text{치}
\end{aligned}
$$

그런데 주석에서는 이 계산 과정이 옳지 않다고 주장하고 있다. 주석에서 수면의 너비를 구한 과정은 다음과 같다.

$$
\begin{aligned}
&\frac{\{(\text{사람 눈의 높이})+(\text{낭떠러지의 높이})\}\times(\text{곱자 끝에서 들어간 거리})}{(\text{곱자와 눈 사이})} \\
&=\frac{(5\text{자}+3\text{장})\times(3\text{자 }4\text{치})}{5\text{치}}=\frac{350\times 34}{5}=\frac{11900}{5} \\
&=2380(\text{치})=23\text{장 }8\text{자}
\end{aligned}
$$

아래의 그림 해설에서는 주석의 설명이 정확함을 그림을 통해 밝히고 있다.

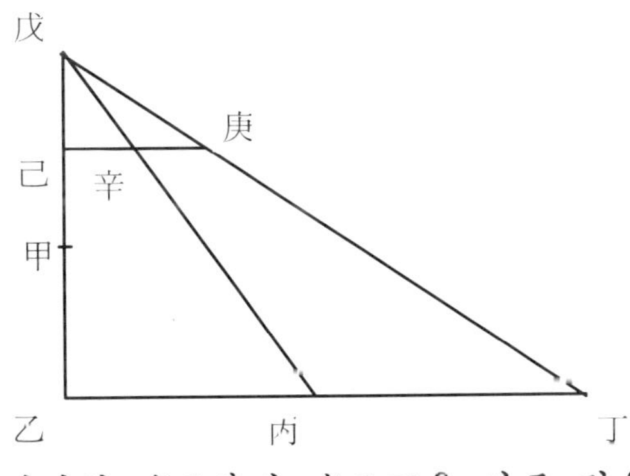

그림 해설 丙丁은 수면의 너비이고, 甲乙은 낭떠러지의 높이이며, 戊甲은 사람 눈의 높이라고 하자. 己庚은 곱자인 장대이고, 戊己는 곱자가 눈 아래로부터 내려간 치수이며, 庚辛는 곱자의 끝에서 들어간 거리라고 하자. 드디어 두 직각 삼각형 戊己庚과 戊乙丁은 서로 닮은 도형이고, 두 삼각형 戊辛庚과 戊丙丁도 또한 서로 닮은 도형이다. 그러므로 곱자가 눈 아래로부터 내려간 치수 戊己와 곱자의 끝에서 들어간 거리 庚辛의 비는 두 높이의 합 戊乙과 수면의 너비 丙丁의 비는 서로 같다. 만일 원래의 해법에 따르면, 두 높이의 합 戊乙에서 곱자가 눈 아래로부터 내려간 치수 戊己를 빼고 남는 바는 곧 己乙이 되는데, 형식이 같지 않아 비례를 이루지 않는다.

圖解曰 丙丁爲水面闊 甲乙爲岸高 戊甲爲人目高 己庚爲矩竿 戊己爲矩去目下寸 庚辛爲入矩端 遂成戊己庚戊乙丁同式句股形 而戊辛庚與戊丙丁又爲同式形 故以戊己矩去目下寸 與庚辛入矩端 若戊乙兩高和 與丙丁水面闊也 若依原術 戊乙兩高和 內減去矩去目下寸戊己 則所餘爲己乙 而形式不同 不成比例也

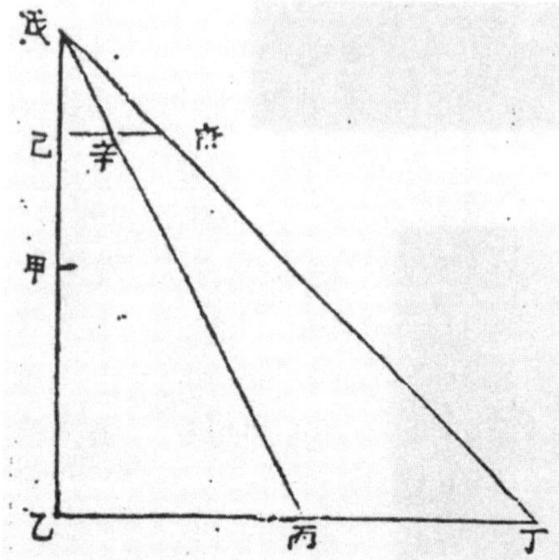

☞ **약해**: 그림 해설을 [보완하고] 기호를 이용해서 요약하면 다음과 같다.

△戊己庚∽△戊乙丁이고 △戊辛庚∽△戊丙丁이므로 다음을 얻는다.

[$\frac{戊己}{戊庚} = \frac{戊乙}{戊丁}$과 $\frac{戊庚}{庚辛} = \frac{戊丁}{丙丁}$을 같은 변끼리 곱하면 다음과 같다.]

$\frac{戊己}{庚辛} = \frac{戊乙}{丙丁}$,

丙丁＝庚辛×戊乙÷戊己

＝3.4×(30＋5)÷0.5

＝238(자)＝23장 8자

四 표망방성(表望方城)

【수서 4】 **문제** 적의 성의 너비와 〔수풀로부터의〕 거리를 알지 못한다. 성 옆의 남쪽에 있는 산기슭의 수풀 사이로 이를 바라본다. 수풀의 가장자리에 있는 나무 두 그루는 남북으로 160보만큼 떨어져 있고, 성의 동쪽 면과 서로 가지런하다. 두 그루의 나무 동쪽에 서로 마주보는 푯말을 세워서, 푯말과 나무 넷이 정사각형을 이루게 한다. 이것들을 사람의 눈과 같은 높이에서 노끈으로 연결한다. 동쪽 뒤의 푯말로부터 서쪽으로 10보 가서 성의 동북쪽 모퉁이를 보면, 동쪽 앞의 푯말에서 안쪽으로 15보 들어간 지점을 〔시선이〕 지난다. 또 성의 동남쪽 모퉁이를 보면, 동쪽 앞의 푯말에서 안쪽으로 $48\frac{3}{4}$보 들어간 지점을 〔시선이〕 지난다. 1리는 360보이다. 그 성 한 변의 너비 및 〔성과 나무 사이의〕 거리가 얼마인지 알고자 한다.

問　敵城不知廣遠　傍城南山原林間望之　林際有木二株南北相去一百六十步遙　與城東方面參相直　於二木之東相對立表　表間與木四方　平人目以繩維之　人自東後表向西行一十步　望城東北隅入東前表一十五步　又望城東南隅入東前表四十八步強半步　里法三百六十步 欲知其方廣及相去幾何

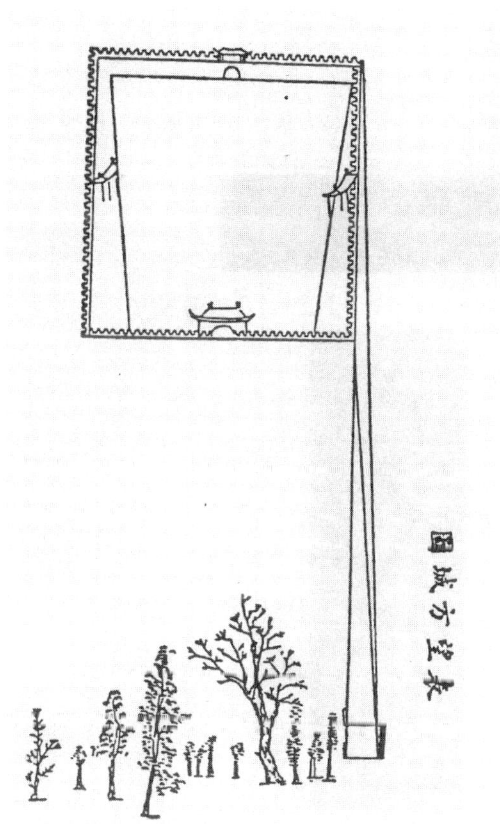

답 성 한 변의 너비

12리 320보

성과 나무 사이의 거리

9리 320보

答曰 城方廣各

一十二里三百二十步

城去木九里三百二十步

해법 구고의 중차로 이를 구한다. 성의 동남쪽 모퉁이를 바라볼 때 들어간 거리, 즉 입표를 푯말 사이의 거리, 즉 표간에서 뺀 나머지를 표간에 곱하여 성과 나무 사이의 거리의 실이라고 하자. 서쪽으로 걸은 보수를 성의 동북쪽 모서리를 볼 때의 입표에서 나머지를 법이라고 하자. 「주: 살펴보면, 당연히 서쪽으로 걸은 보수를 성의 동남쪽 모서리를 바라볼 때의 입표에서 뺀 나머지가 법이 되어야 한다.」 〔실을 법으로 나누면〕 성과 나무 사이의 거리를 얻는다. 「주: 살펴보면, 이는 성의 동남쪽 모퉁이와 북쪽 나무 사이의 거리이다.」

성의 동북쪽 모퉁이를 바라볼 때의 입표를 표간에서 뺀 나머지를 표간에 곱하여 너비의 실이라고 하자. 「주: 살펴보면, 이는 성의 동북쪽 모퉁이와 북쪽 나무의 사이의 〔거리를 구하는 데 필요한〕 실이다.」 실을 위의 법으로 나누면 성의 너비를 얻는다. 「주: 살펴보면, 이는 성의 동북쪽 모퉁이와 북쪽 나무 사이의 거리이다. 그러므로 이에서 성의 동남쪽 모퉁이와 북쪽 나무 사이의 거리를 빼면 성의 너비가 된다.」

초고 서쪽으로 걸은 10보를 동북쪽 모퉁이를 바라볼 때의 입표 15보에서 뺀 나머지 5보가 법이 된다. 「주: 살펴보면, 당연히 서쪽으로 걸은 10보를 동남쪽 모퉁이를 바라볼 때의 입표 48.75보에서 뺀 나머지 38.75보가 법이 되어야 한다.」 동남쪽 모서리를 바라볼 때의 입표 48.75보를 표간 160보에서 뺀 나머지는 111.25보이고, 표간 160보에 곱하면 17,800보를 얻는다. 이것이 성과 나무 사이의 실이 되어 법 5보로 이를 나누면 3,560보를 얻는다. 「주: 살펴보면, 이를 법 38.75보로 나누면 459보와 부진 13.75보를 얻는다. 법과 함께 같은 것을 구하면 1.25보를 얻고, 이것으로 약분하면 $\frac{11}{31}$보를 얻는다.」 이법 360으로 이를 환산하여 얻은 9리 320보가 성과 북쪽에 있는 한 그루의 나무 사이의 〔거리인〕 이수와 보수이다. 「주: 살펴보면, 이법으로 $459\frac{11}{31}$보를 환산하여 얻은 1리 $99\frac{11}{31}$보가 성의 동남쪽 모퉁이와 북쪽 나무 사이의 〔거리인〕 이수와 보수이다.」

다음으로 성의 동북쪽 모퉁이를 바라볼 때의 입표 15보를 놓고 표간 160보에서 뺀 나머지는 145보이고, 표간 160보에 곱하여 얻은 23,200보가 성의 너비의 실이 된다. 「주: 살펴보면, 이는 성의 동북쪽 모퉁이와 북쪽 나무 사이의 [거리를 구하는 데 필요한] 실이다.」 이를 위의 법 5로 나누면 4,640보를 얻는다. 이를 이법 360으로 환산하면 12리 320보를 얻는데, 이는 곧 성 한 변의 너비를 나타내는 이수와 보수로 물음에 합당하다. 「주: 살펴보면, 이는 성의 동북쪽 모퉁이와 북쪽에 있는 한 그루의 나무 사이의 이수와 보수이다. 그러므로 이에서 성의 동남쪽 모퉁이와 북쪽에 있는 한 그루의 나무 사이의 이수와 보수 1리 $99\frac{11}{31}$보를 뺀 나머지 11리 $220\frac{20}{31}$보가 성 한 변의 이수와 보수이다.」

術曰 以句股重差求之 置城東南隅景入表 減表間 餘 乘表間 爲城去木實 以西行步 減城東北隅景入表 餘爲法「按 當 以西行步 減城東南隅景入表 餘爲法」得城去木數「按 此城東南隅去北木之步」

以城東北隅景入表 減表間 餘 乘表間 爲廣實「按 此城東北隅去北木之實」實如前法而一 得城廣數「按 此城東北隅去北木之步也 與城東南隅去北木之步 相減乃 爲城廣數」

草曰 以西行一十步 減東北隅入表一十五步 餘五步 爲法「按 當 以西行一十步 減東南隅入表四十八步七分半 餘三十八步七分半 爲法」以城東南隅景入表四十八步七分半 減表間一百六十步 餘一百一十一步二分半 乘表間一百六十步 得一萬七千八百 爲城去木實 以法五步 除之 得三千五百六十步 「按 以法三十八步六[10]分半 除之 得四百五十九步 不盡一十三[11] 七分半 與法 求等 得一步二分半 以約之 爲三十一分步之一十一」以里法三百六十 約之 得九里三百二十步 爲城去北株木里及步數「按 以里法約 四百五十九步 二十一分步之一十一 得一里九十九步 三十一分步之一十一 爲城東南隅去北株木里及步數」

次置城東北隅景入表一十五步 減表間一百六十 餘一百四十五步 乘表間一百六十 得二萬三千二百 爲城廣實「按 此爲城東北隅去北株木之

10) '六'은 '七'의 오기
11) '步' 落字

實」以前法五步 除之 得四千六百四十步 以里法三百六十 約之 爲一十二里三百二十步 卽城方廣里數及步數 合問「按 此爲城東北隅去北株木之里及步數也 與城東南隅去北株木之里及步數一里九十九步三十一分步之一十一 相減 餘一十一里二百二十步三十一分步之二十乃 爲城方廣里數及步數」(「…」 안은 의가당총서에는 없음)

☞ **역자 주**: 이 문제는 [구장 9-22]와 같은 상황을 다루고 있다.

해법과 초고에서 성과 나무 사이의 거리를 구한 과정을 다음과 같이 요약할 수 있다. 여기서 '동남[또는 북] 입표'는 성의 동남[쪽는 북]쪽 모퉁이를 바라볼 때의 입표를 뜻하고 '서행 보수'는 서쪽으로 걸은 보수를 뜻한다.

(성과 나무 사이의 거리)

$$= \frac{\{(\text{표간})-(\text{동남 입표})\}\times(\text{표간})}{(\text{동북 입표})-(\text{서행 보수})}$$

$$= \frac{(160-48.75)\times 160}{15-10} = \frac{111.25\times 160}{5} = \frac{17800}{5}$$

$=3560(\text{보})=9\text{리 } 320\text{보}$

그런데 주석에서는 '성과 나무 사이의 거리'는 좀더 명확하게 '성의 동남쪽 모퉁이와 북쪽 나무 사이의 거리'로 나타내야 하고, 분모의 '동북 입표'는 '동남 입표'로 고쳐야 한다고 주장한다. 주석의 내용을 정리하면 다음과 같다.

(성의 동남쪽 모퉁이와 북쪽 나무 사이의 거리)

$$= \frac{\{(\text{표간})-(\text{동남 입표})\}\times(\text{표간})}{(\text{동남 입표})-(\text{서행 보수})}$$

$$= \frac{(160-48.75)\times 160}{48.75-10} = \frac{111.25\times 160}{38.75} = \frac{17800}{38.75}$$

$$= 459\frac{13.75}{38.75} = 459\frac{1.25\times 11}{1.25\times 31} = 459\frac{11}{31}(\text{보})$$

$=1\text{리 } 99\frac{11}{31}\text{보}$

해법과 초고에서 성 한 변의 너비를 구한 과정을 다음과 같이 요약할 수 있다.

(성 한 변의 너비)

$$= \frac{\{(\text{표간})-(\text{동북 입표})\}\times(\text{표간})}{(\text{동북 입표})-(\text{서행 보수})}$$

$$= \frac{(160-15)\times 160}{15-10} = \frac{145\times 160}{5} = \frac{23200}{5}$$

=4640(보)=12리 320보

그런데 주석에서는 위에서 구한 '성 한 변의 너비'는 사실 '성의 동복쪽 모퉁이와 북쪽 나무 사이의 거리'이며, 다음과 같이 수정해야 한다고 주장하고 있다.

(성 한 변의 너비)

=(성의 동북쪽 모퉁이와 북쪽 나무 사이의 거리)

−(성의 동남쪽 모퉁이와 북쪽 나무 사이의 거리)

$=(12\text{리 } 320\text{보})-(1\text{리 } 99\frac{11}{31}\text{보})$

$=11\text{리 } 220\frac{20}{31}\text{보}$

주석의 주장이 정확함은 아래의 그림 해설에서 분명히 밝혀진다.

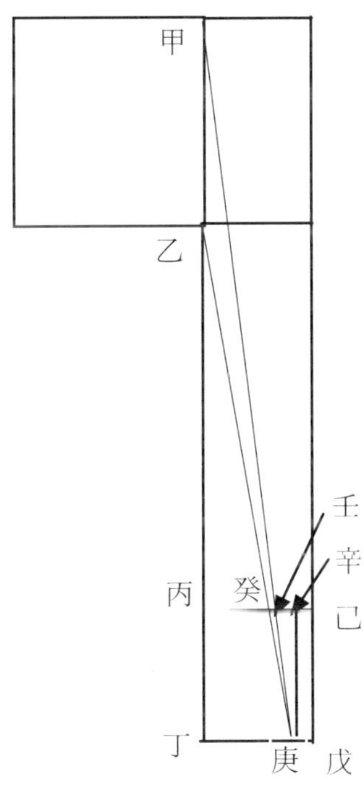

그림 해설 甲은 성의 동북쪽 모퉁이이고, 乙은 성의 동남쪽 모퉁이이며, 甲乙은 성 한 변의 너비라고 하자. 丙은 북쪽에 있는 한 그루의 나무이고, 丁은 남쪽에 있는 한 그루의 나무이며, 丙丁은 두 나무 사이의 거리, 즉 표간이라고 하자. 己는 동쪽 앞의 푯말이고, 戊는 동편 뒤의 표말이라고 하자. 丙丁戊己의 4변은 서로 같다. 戊庚은 서쪽으로 걸은 보수로, 己辛과 같다고 하자. 己壬은 성의 동북쪽 모퉁이를 바라볼 때의 입표이고, 己癸는 성의 동남쪽 모퉁이를 바라볼 때의 입표라고 하자. 乙丙은 성의 동남쪽 모퉁이와 북쪽에 있는 한 그루의 나무 사이의 거리이고, 甲丙은 성의 동북쪽 모퉁이와

북쪽에 있는 한 그루의 나무 사이의 거리이다. 성의 동남쪽 모퉁이를 바라볼 때의 입표 己癸에서 서쪽으로 걸은 보수 己辛를 뺀 것과 같은 辛癸를 경차라 하고, 표간 己丙에서 성의 동남쪽 모퉁이를 바라볼 때의 입표 己癸를 뺀 것과 같은 癸丙을 표차라고 하자. 드디어 두 직각 삼각형 癸辛庚과 乙丙癸[또는 癸丙乙]은 서로 닮은 도형을 이룬다. 그러므로 경차 辛癸와 표간 庚辛의 비는 표차 癸丙과 성의 동남쪽 모퉁이와 북쪽에 있는 한 그루의 나무 사이의 거리 乙丙의 비는 서로 같다. 또 성의 동북쪽 모퉁이를 바라볼 때의 입표 己壬에서 서쪽으로 걸은 보수 己辛을 뺀 나머지 壬辛을 경차라 하고, 표간 己丙에서 성의 동북쪽 모퉁이를 바라볼 때의 입표 己壬을 뺀 나머지 壬丙을 표차라고 하자. 드디어 두 직각 삼각형 壬辛庚과 甲丙壬[또는 壬丙甲]은 서로 닮은 도형을 이룬다. 그러므로 경차 壬辛과 표간 庚辛의 비는 표차 壬丙과 성의 동북쪽 모퉁이와 북쪽에 있는 한 그루의 나무 사이의 거리 甲丙의 비와 서로 같다. 이에 성의 두 모퉁이와 나무 사이의 거리 甲丙과 乙丙을 서로 뺀 나머지 甲乙이 성 한 변의 너비이다. 성 한 변의 너비를 구하는 해법으로 초고의 방법이 잘못되었다. 그러므로 포산을 고쳐 바로 한다.

서쪽으로 걸은 10보를 성의 동남쪽 모퉁이를 바라볼 때의 입표 48.75보에서 뺀 나머지 38.75보가 제1비례의 1률인 辛癸이다. 성의 동남쪽 모퉁이를 바라볼 때의 입표를 표간 160보에서 뺀 나머지 111.25보가 제1비례의 2율인 癸丙이다. 서쪽으로 걸은 보수를 성의 동북쪽 모퉁이를 바라볼 때의 입표 15보에서 뺀 나머지 5보가 제2비례의 1률인 壬辛이다. 성의 동북쪽 모퉁이를 바라볼 때의 입표를 표간에서 뺀 나머지 145보가 제2비례의 2율인 壬丙이다. 두 비례의 양 4율을 서로 빼면, 마땅히 성 한 변의 너비를 얻는다. 이제 빠른 방법으로 호승법(互乘法)을 이용해서 구해보자. 제1비례의 1률 38.75보를 제2비례의 1률 5보에 곱하여 얻은 193.75보를 1률이라 하자. 제1비례의 1률을 제2비례의 2율 145보에 곱하여 얻은 5,618.75보를 기탁하고, 제2비례의 1률을 제1비례의 2율에 곱하면 556.25보를 얻는다. 이를 기탁한 수에서 뺀 나머지 5,062.5보를 2율이라 하고 표간 160보를 3

률이라 하여, 4율을 구하면 4,180보와 부진 125보 및 법을 얻는다. 같은 것을 구하면 6.25보를 얻고, 이것으로 약분하면 $\frac{20}{31}$보가 된다. 또 이법〔1리＝360보〕으로 환산하여 얻은 11리 220$\frac{20}{31}$보가 성 한 변의 너비이다.

圖解曰　甲爲城東北隅 乙爲城東南隅　甲乙爲城方廣　丙爲北株木　丁爲南株木　丙丁爲表間 己爲東前表　戊爲東後表　丙丁戊己四邊相等　戊庚爲西行步　與己辛等

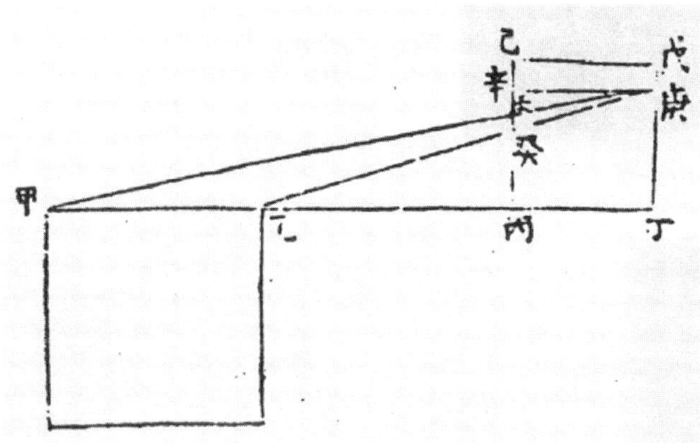

己壬爲城東北隅景入表　己癸爲城東南隅景入表　乙丙爲城東南隅去北株木之遠　甲丙爲城東北隅去北株木之遠　己癸南景入表　内減己辛西行步　餘辛癸爲景差　己丙表間　内減己癸南景入表　餘癸丙爲表差　遂成癸辛庚乙丙癸同式句股形　故以辛癸景差　與庚辛表間　若癸丙表差　與乙丙東南隅去北株木之遠也　又己壬北景入表　内減己辛西行步　餘壬辛爲景差　己丙表間　内減己壬北景入表　餘壬丙爲表差　遂成壬辛庚甲丙壬同式句股形　故以己壬[12]景差　與庚辛表間　若壬丙表差　與甲丙東北隅去北株木之遠也　乃以兩城隅去木之遠　甲丙與乙丙　相減　餘甲乙　爲城方廣里步數也　求城方廣術草法誤　故布算改正

以西行一十步　減南景入表四十八步七分半　餘三十八步七分半　爲第一比例之一率辛癸　以南景入表　減表間一百六十步　餘一百一十一步二分半　爲第一比例之二率癸丙　以西行步　減北景入表　十五步　餘五步　爲第二比例之一率己壬[13]　以北景入表　減表間　餘一百四十五步　爲第二比例之二率壬丙　以二比例之兩四率相減　當　得城方廣　而今爲徑求用互乘法　以第一比例之一率三十八步七分半　乘第二比例之一率五步　得

12) '壬辛'의 오기
13) '壬辛'의 오기

一百九十三步七分半爲一率 以第一比例之一率 乘第二比例之二率一百四十五步 得五千六百一十八步七分半爲寄 以第二比例之一率 乘第一比例之二率一百一十一步二分半 得五百五十六步二分半 以減寄 餘五千六十二步五分爲二率 表間一百六十步爲三率 求得四率四千一百八十步 不盡一百二十五步 與法 求等 得六步二分半 以約之 爲三十一分步之二十 又以里法三百六十 約全步 得一十一里二百二十步三十一分步之二十 爲城方廣數

☞ **약해**: 그림 해설을 기호를 이용해서 요약하면 다음과 같다.

△癸辛庚∽△乙丙癸이므로 다음을 얻는다.

辛癸 : 庚辛＝癸丙 : 乙丙 …… ①

$$\begin{aligned}乙丙&=庚辛\times癸丙\div辛癸\\&=160\times(160-48.75)\div(48.75-10)\\&=160\times111.25\div38.75\\&=459\tfrac{11}{31}(\text{보})\end{aligned}$$

또, △壬辛庚∽△甲丙壬이므로 다음을 얻는다.

壬辛 : 庚辛＝壬丙 : 甲丙 …… ②

$$\begin{aligned}甲丙&=庚辛\times壬丙\div壬辛\\&=160\times(160-15)\div(15-10)\\&=160\times145\div5\\&=4640(\text{보})\end{aligned}$$

그러므로 성 한 변의 너비는 다음과 같다.

$$\begin{aligned}甲乙&=甲丙-乙丙\\&=4640-459\tfrac{11}{31}=4180\tfrac{20}{31}(\text{보})=11\text{리 }220\tfrac{20}{31}\text{보}\end{aligned}$$

그림 해설의 마지막 부분에서는 비례식 ①과 ②를 [호승법으로] 하나의 비례식으로 만들어 원하는 값을 구하는 과정을 설명하고 있다. 그 과정을 요약하면 다음과 같다.

辛癸×壬辛 : 庚辛＝(辛癸×壬丙－壬辛×癸丙) : (甲丙－乙丙) …… ③

38.75×5 : 160＝(38.75×145－5×111.25) : (甲丙－乙丙),

193.75 : 160＝(5618.75－556.25) : (甲丙－乙丙),

甲乙＝甲丙－乙丙＝160×5062.5÷193.75

$$=\frac{810000}{193.75}=4180\frac{125}{193.75}=4180\frac{6.25\times 20}{6.25\times 31}$$

$$=4180\frac{20}{31}\text{(보)}=11\text{리 }220\frac{20}{31}\text{ 보}$$

비례식 ①과 ②로부터 식 ③을 얻는 과정의 정당성을 다음과 같이 확인할 수 있다.

$$a:b=c:d,\qquad p:b=r:s$$

$$\Downarrow\qquad\qquad\qquad\Downarrow$$

$$d=\frac{bc}{a},\qquad s=\frac{br}{p}$$

$$\searrow\qquad\swarrow$$

$$s-d=\frac{br}{p}-\frac{bc}{a}=\frac{b\times(ar-pc)}{ap}$$

$$\Downarrow$$

$$ap:b=(ar-pc):s-d$$

五 요도원성(遙度圓城)

【수서 5】 **문제** 둥근 성이 있는데, 그 둘레와 지름을 알지 못한다. 네 문 가운데 열려있는 북문 밖으로 3리 되는 곳에 높이 솟은 나무가 있다. 남문을 나오자마자 방향을 꺾어 동쪽으로 9리를 가면 그 나무가 보인다. 성의 둘레와 지름이 각각 얼마인지 알고자 한다. 「주: 원의 고법을 이용한다.」

問 有圓城 不知周徑 四門中開北外三里有喬木 出南門便折東行九里 乃見木 欲知城周徑各幾何 「圓月14)古法」

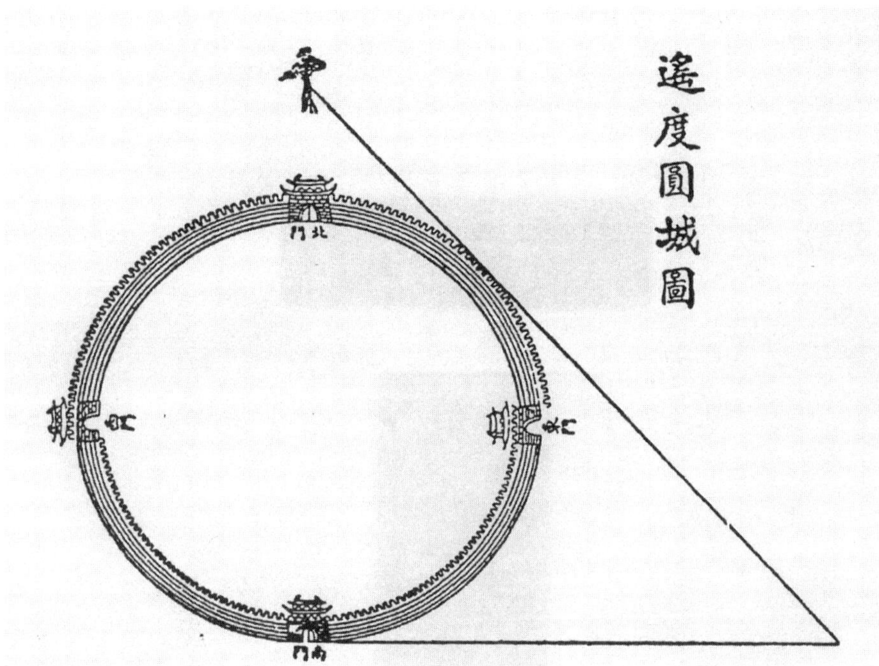

답 지름 9리
둘레 27리

答曰 徑九里
周二十七里

14) '月'은 '用'의 오기

해법 구고의 차율로 이를 구한다. 1을 종우[최고차항의 계수]라 하고, 5를 북문 밖의 거리에 곱하여 종칠렴[8차항의 계수]이라 하며, 북문 밖 거리의 제곱을 놓고 8을 곱하여 종오렴[6차항의 계수]이라고 하자. 북문 밖 거리의 제곱을 정률이라 하고 동쪽으로 간 거리의 제곱을 부율이라 하여 두 율의 차에 4를 곱하고 북문 밖의 거리에 곱하여 익종삼렴[음인 4차항의 계수]이라 하자. 부율의 2배를 오렴에 곱하여 익상렴[음인 2차항의 계수]이라 하고, 상렴에 북문 밖의 거리를 곱하여 실이라고 하자. 영롱[홀수 차수 항의 계수가 모두 0인] 구승방[십차 방정식]을 풀어 얻은 수를 제곱하면 지름이다. 지름에 3을 곱하면 둘레를 얻는다.

초고 1을 종우라고 하자. 5를 북문 밖 3리에 곱하여 얻은 15리가 종칠렴이고, 북문 밖 3리를 제곱하여 얻은 9리를 정률이고 이에 8을 곱하여 얻은 72가 종오렴이다. 동쪽으로 간 9리를 제곱하여 얻은 81이 부율이고, 정률 9를 부율에서 뺀 나머지 72는 부차가 된다. 이에 4를 곱하면 288을 얻고, 이에 북문 밖 3리를 곱하여 얻은 864는 부차에 이어서 곱하는 바 음의 삼렴이 된다. 부율 81을 2배 하여 162를 얻고, 오렴 72에 곱하여 얻은 11,664가 음의 상렴이 된다. 상렴에 북문 밖 3리를 곱하여 얻은 34,992가 실이 된다. 각 실, 염, 우와 영롱 공(0)의 방과 염을 짝지어 놓는다. 그 실을 초과하기 않는 여러 방법으로 실을 나눔으로써 이에 실 위에 상[商] 3리를 정한다. 그 우와 상을 서로 곱해서 얻은 3은 종하렴이 된다. 또 상과 서로 곱하고 종칠렴에 더해서 얻은 24는 성렴이 된다. 또 상과 서로 곱해서 얻은 72는 종육렴이 된다. 또 상과 서로 곱하고 오렴을 더하면 합 288을 얻는다. 또 상과 서로 곱해서 얻은 864는 종사렴이 된다. 또 상과 서로 곱해서 얻은 2,592가 징심렴이 되고, 음의 삼렴 864를 뺀 나머지 1,728은 종삼렴이 된다. 또 상과 서로 곱해서 얻은 5,184는 종이렴이 된다. 또 상과 서로 곱해서 얻음 15,552는 정상렴이 되고, 음의 상렴 11,664를 빼면 마침내 나머지 3,888에 이르고, 이는 종상렴이 된다. 또 상과 서로 곱해서 얻은 11,664는 종방이 된다. 이에 위에 놓은 상 3리로 실을 나누면 꼭 맞게 다하여 3리를 얻게 된다. 이를 제곱하여 얻은 9리는 둥근 성의 지름을 나타내는 이수이고, 이에 고법의 원주율 3을 곱해서 얻은 27은 성의 둘레이다.

이 조목에서 설정한 해법은 몹시 우회하여 필요 없이 구승방에 이른다. 이제 그 비례의 이치를 찾으며 다만 입방〔삼차 방정식〕이면 된다. 그러므로 포산으로 정확함을 살필 수 있다.

해법 : 북문 밖의 3리를 남문을 나오자마자 방향을 꺾어서 동쪽으로 간 9리에 곱하면 27리를 얻는다. 다시 동쪽으로 간 9리를 곱하면 243리를 얻고, 이에 4배 하여 얻은 972리를 실이라고 하자. 종방은 공(0)이고 북문 밖의 3리를 종렴이라고 하며 1을 우로 놓는다. 이 입방〔삼차 방정식〕을 풀어 얻는 9리가 곧 성의 지름이다.

術曰 以句股差率求之 一爲從隅 五因北外里爲從七廉 置北里冪八因爲從五廉 以北里冪爲正率 以東行冪爲負率 二率差四因 乘北里爲益從三廉 倍負率乘五廉爲益上廉 以北里乘上廉爲實 開玲瓏九乘方 得數 自乘爲徑 以三因徑得周

草曰 以一爲從隅 以五因北三里 得一十五里 爲從七廉 以北三里自乘 得九里 爲正率 以八因率 得七十二 爲從五廉 以東行九里自乘 得八十一爲負率 以正率九 減負率 餘七十二 爲負差 以四因之 得二百八十八 以乘北三里 得八百六十四 係負差所乘者 爲益三廉 倍負率八十一 得一百六十二 乘五廉七十二 得一萬一千六百六十四 爲益上廉 以北三里 乘上廉 得三萬四千九百九十二 爲實 各置實廉隅玲瓏空耦位方廉以約實衆法不可超進乃於實 上定商三里 其隅與商相生 得三 爲從下廉 又與商相生 入從七廉 共得二十四 爲星廉 又與商相生 得七十二爲從六廉 又與商相生 入五廉 内共得二百八十八 又與商相生 得八百六十四 爲從四廉 又與商相生 得二千五百九十二 爲正三廉 内消益三廉八百六十四 訖餘一千七百二十八 爲從三廉 又與商相生 得五千一百八十四 爲從二廉 又與商相生 得一萬五千五百五十二 爲正上廉 内消益上廉一萬一千六百六十四 訖餘三千八百八十八 爲從上廉 又與商相生 得一萬一千六百六十四 爲從方 乃命上商三里 除實 適盡 所得三里 以自乘之 得九里 爲城圓徑之里數 又以古法圓率三因之 得二十七 爲城周

此條立術甚迂回 不必至於九乘方也 今尋其比例之理 則只爲立方 故布算審正

法 以北外三里 乘出南門折東行九里 得二十七里 再以東行九里 乘得二百四十三里 仍四倍 得九百七十二里 爲實 從方空 以北外三里 爲從廉 以一爲隅 開立方 得九里 卽城徑也 (밑줄 친 부분은 의가당총서에 없음)

☞ **역자 주 1**: 나무까지의 북문 밖의 거리를 $a=3$(리), 동쪽으로 간 거리를 $b=9$(리)라 하고, 해법과 초고에서는 먼저 성의 지름 x^2을 구할 수 있는 다음 십차 방정식을 제시하고 있다.

$$x^{10}+5ax^8+8a^2x^6-4a(b^2-a^2)x^4-16a^2b^2x^2-16a^3b^2=0,$$
$$x^{10}+15x^8+72x^6-864x^4-11,664x^2-34,992=0$$

그 다음에는 이 십차 방정식을 [증승개방법으로] 푸는 과정을 서술하고 있는데, 이를 조립제법과 같은 방식으로 나타내면 다음과 같다.

종우 ↓		종칠렴 ↓		종오렴 ↓		익종삼렴 ↓		익상렴 ↓		실 ↓	
1	0	15	0	72	0	−864	0	−11664	0	−34992	(3
	3	9	72	216	864	2592	5184	15552	11664	34992	
1	3	24	72	288	864	1728	5184	3888	11664	0	
	↑ 종하렴	↑ 성렴	↑ 종육렴		↑ 종사렴	↑ 종삼렴	↑ 종이렴	↑ 종상렴	↑ 종방		

그러므로 주어신 방정식의 근은 $x=3$이고, 둥근 성의 지름은 9리이며, 성의 둘레는 27리이다

☞ **역자 주 2**: 위에서 이용한 십차 방정식을 구한 과정은 다음 책에 설명되어 있다.

Ulrich Libbrecht, *Chinese Mathematics in the Thirteenth Century*, The MIT Press, 1973, pp. 139-140.

중국 청 시대의 백상서(白尙恕)는 다음과 같이 설명했다. [증명은 송경창(宋景昌)이 했다.] 오른쪽 그림에서 나무까지의 북문 밖의 거리를 AF= a, 동쪽으로 간 거리를 BC= b, 성의 지름을 FB= x^2라고 하자. 그러면 △ADO∽△AOG이므로 다음을 얻는다.

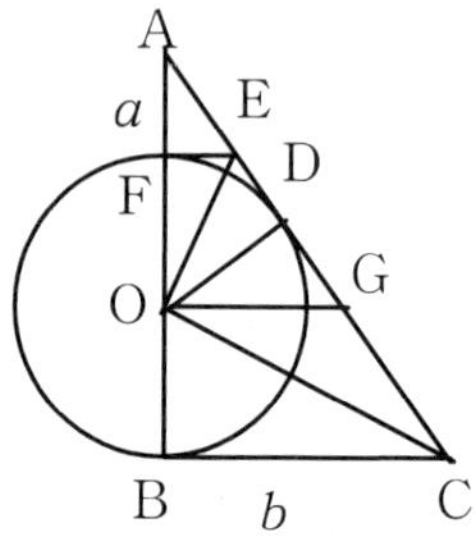

$$\mathrm{AD}:\mathrm{DO}=\mathrm{AO}:\mathrm{OG},\quad \mathrm{DO}\times\mathrm{AO}=\mathrm{AD}\times\mathrm{OG},$$

$$\frac{x^2}{2}\left(\frac{x^2}{2}+a\right)=\sqrt{\left(\frac{x^2}{2}+a\right)^2-\left(\frac{x^2}{2}\right)^2}\times\mathrm{OG},$$

$$x^2(x^2+2a)=4\sqrt{a(x^2+a)}\times\mathrm{OG}\ \cdots\cdots\ ①$$

또 △AOG∽△ABC이므로 다음을 얻는다.

$$\mathrm{AB}:\mathrm{BC}=\mathrm{AO}:\mathrm{OG},\quad \mathrm{BC}\times\mathrm{AO}=\mathrm{AB}\times\mathrm{OG},$$

$$b\left(\frac{x^2}{2}+a\right)=(x^2+a)\times\mathrm{OG},$$

$$b(x^2+2a)=2(x^2+a)\times\mathrm{OG}\ \cdots\cdots\ ②$$

식 ①과 ②를 OG에 대하여 풀고 같게 놓으면 다음을 얻는다.

$$\frac{x^2(x^2+2a)}{4\sqrt{a(x^2+a)}}=\frac{b(x^2+2a)}{2(x^2+a)},\quad \frac{x^4(x^2+2a)^2}{16a(x^2+a)}=\frac{b^2(x^2+2a)^2}{4(x^2+a)^2},$$

$$\frac{x^4(x^2+2a)^2}{4a}=\frac{b^2(x^2+2a)^2}{x^2+a},\quad x^4(x^2+2a)^2(x^2+a)=4ab^2(x^2+2a)^2,$$

$$x^{10}+5ax^8+8a^2x^6-4a(b^2-a^2)x^4-16a^2b^2x^2-16a^3b^2=0$$

또, 백상서는 진구소의 방정식이 다음과 같이 구성되었다고 제안하기도 했다. 위의 그림에서 △AOG∽△AFE이므로 다음을 얻는다.

$$\mathrm{AF}:\mathrm{FE}=\mathrm{AO}:\mathrm{OG},\quad \mathrm{FE}\times\mathrm{AO}=\mathrm{AF}\times\mathrm{OG},$$

$$\frac{ab}{x^2+a}(x^2+2a)=2a\times\mathrm{OG}\ \cdots\cdots\ ③$$

식 ②와 ③을 변끼리 곱하고, 식 ①을 제곱하면 각각 다음과 같다.

$$b(x^2+2a)\frac{ab}{x^2+a}(x^2+2a)=4a(x^2+a)\times\mathrm{OG}^2\ \cdots\cdots\ ④$$

$$x^4(x^2+2a)^2=16a(x^2+a)\times\mathrm{OG}^2\ \cdots\cdots\ ⑤$$

이제 식 ④의 4배에서 식 ⑤을 빼고, 정리하면 다음을 얻는다.

$$4b(x^2+2a)\frac{ab}{x^2+a}(x^2+2a)-x^4(x^2+2a)^2=0,$$

$$4ab^2(x^2+2a)(x^2+2a)-x^4(x^2+2a)^2(x^2+a)=0,$$

$$x^{10}+5ax^8+8a^2x^6-4a(b^2-a^2)x^4-16a^2b^2x^2-16a^3b^2=0$$

☞ **역자 주 3**: 초고의 마지막 부분에서는, 성의 지름을 구할 수 있는 다음과 같은 삼차 방정식을 제시하고 있다.

$x^3+ax^2-4ab^2=0$, $x^3+3x^2-972=0$, $x=9$(리) [←성의 지름]

아래의 그림 해설에서는 도형을 이용해서 위의 삼차 방정식을 구해서 문제를 해결하고 있다.

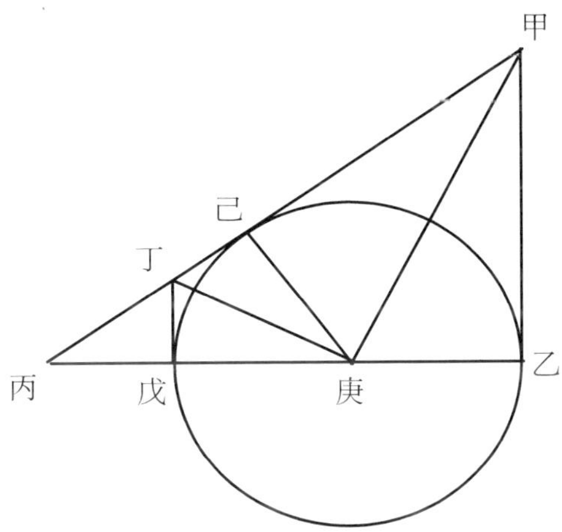

그림 해설 甲乙은 남문을 나오자마자 방향을 꺾어 동쪽으로 걸은 이수이고, 戊丙은 북문 밖의 〔나무까지의〕 이수이며, 乙戊는 성의 지름이라고 하자. 각 甲으로부터 원의 중심 庚까지의 분각선〔각의 이등분선〕 甲庚을 그린다. 또 원의 중심 庚으로부터 할선 丁庚과 절선 丁戊를 그린다. 그러면 곧 직각 삼각형 甲乙庚과 직각 삼각형 庚戊丁은 서로 닮은 도형이 된다. 이유는 다음과 같다. 폭선〔법선〕 己庚을 그으면 〔접〕선 甲丙의 수선이 된다. 곧 사변형 甲乙庚己의 각 乙각과 각 己 및 사변형 庚戊丁己의 각 戊와 각 己은 모두 직각이고, 사변형 庚戊丁己의 각 庚은 사변형 甲乙庚己의 각 庚의 외각〔보각〕이 되어 그 각도는 반드시 각 甲과 같다. 곧 그것의 각 丁도 역시 반드시 사변형 甲乙庚己형의 각 庚과 같다. 그러므로 두 사변형은 닮은 도형이 된다. 그런데 두 직각 삼각형 甲乙庚과 庚戊丁은 각각 두 사변형의 반이다. 그러므로 또한 반드시 서로 닮은 도형이 된다. 이에 작은 구 丁戊와 작은 고 戊庚의 비는 큰 구 乙庚〔庚乙〕과 큰 고 甲乙〔乙甲〕의 비와 서로 같다. 戊庚과 乙庚은 같이 성의 반지름이다. 그러므로 甲乙은 수율이라 하고 戊庚 또는 乙庚은 중률이라 하며 丁戊는 말률이라 하면, 연비례 삼률을 이룬다. 만일 甲乙과 丁戊를 서로 곱하면 곧 성의 반지름 戊庚을 스스로 곱한 제곱이 된다. 그런데 지금 말률 丁戊는 알지 못하고 다만 戊丙만을 알고 있다. 그래서 戊丙을 甲乙에 곱하고 이에 다시 甲乙을 곱하면, 곧 丁戊를 甲乙에 곱하고 이에 다시 乙丙을 곱하는 적과 같다. 〔이유는 다음과 같다.〕 항상 직각 삼각형 甲乙丙과 직각 삼각형 丁戊丙도 또한 서로 닮은 도형이다. 그러므로 丁戊와 甲乙의 비는 戊丙과 乙丙의 비와 서로 같아서, 당연히 비례 사율이 된다. 2율 甲乙과 3률 戊丙을 서로 곱한 수는 1률 丁戊와 4율 乙丙을 서로 곱한 수와 같다. 수율 甲乙과 말률 丁戊을 곱한 넓이는「주: 곧 중률 戊庚을 제곱한 넓이는」밑면이 되고 乙丙을 높이로 한다. 〔그런 입체의 부피를 구한다.〕「주: 곧 戊丙을 甲乙에 곱하고 이에 다시 甲乙을 곱하는 수이다.」이를 4배로 하면 곧 성의 지름 乙戊를 제곱한 값이 밑면이 되고 성의 지름 乙戊에 북문 밖의 거리 戊丙을 더한 乙丙을 높이로 하는 입체의 부피와 같아진다. 그리고 戊丙은 높이〔乙丙〕와 〔정사각형인〕 밑면의 한 변〔乙戊〕의 차가 된다. 그러므로 입체의 부피를 실이라 하고, 종방은 공(0)이라 하며, 높이와 밑변의 차 戊丙은 종렴이라 하여, 입방〔삼차 방정식〕을 풀면 성의 지름 乙戊를 얻는다.

圖解曰 甲乙爲出南門折東行里數 戊丙爲北外里數 乙戊爲城全徑 自甲角抵圜心庚 作甲庚分角線 又自圜心庚 作丁庚割線 及丁戊折線 則甲乙庚句股形 與庚戊丁句股形 爲同式形 何則試作己庚幅線 爲甲丙線之垂線 則甲乙庚己四邊形之乙角己角 庚戊丁己四邊形之戊角乙15)角

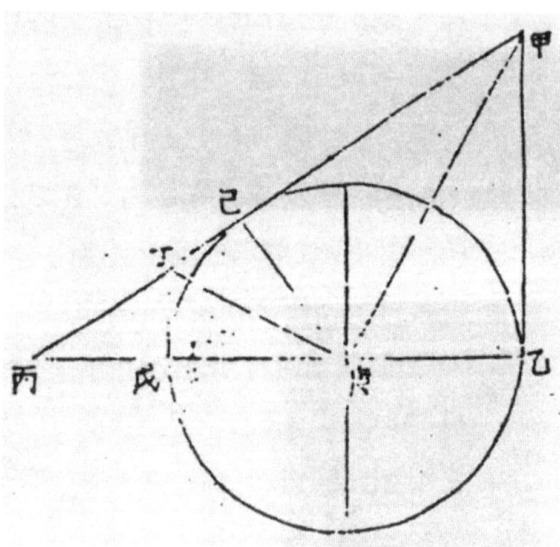

15) '乙'은 '己'의 오기

俱爲直角 而庚戊丁己形之庚角 爲甲乙庚己形之庚角之外角 其度必與甲角等 則其丁角亦必 與甲乙庚己形之庚角等 而爲同式兩四邊形 而甲乙庚庚戊丁兩句股形 各爲兩四邊形之半 故亦必相爲同式形矣 於是以丁戊小句 與戊庚小股 若乙庚大句 與甲乙大股 而戊庚與乙庚同 爲城半徑 故甲乙爲首率 戊庚或乙庚爲中率 丁戊爲末率 成連比例三率若以甲乙與丁戊相乘 則成戊庚城半徑自乘冪 而今無丁戊末率 只有戊丙 故以戊丙乘甲乙再以甲乙乘之 則與以丁戊乘甲乙再以乙丙乘之之積等 盖甲乙丙句股形 與丁戊丙句股形 亦爲同式形 故丁戊與甲乙 若戊丙與乙丙 爲相當比例四率 而甲乙二率 與戊丙三率 相乘之數 與丁戊一率 與乙丙四率 相乘之數等也 以甲乙首率 乘丁戊末率之面積「卽戊庚中率自乘面積」爲底 以乙丙爲高「卽戊丙乘甲乙再以甲乙乘之之數」仍爲四倍 則與以乙戊城全徑自乘冪爲底 以乙戊城全徑加戊丙北外里之 乙丙爲高之立表方積等 而戊丙爲方高差 故以立長方積爲實從方空 以戊丙方高差爲從廉 開立方 得乙戊城徑也

☞ **약해**: 그림 해설을 [보완하고] 기호를 이용해서 요약하면 다음과 같다. [먼저 丁은 점 戊에서 그은 접선이 접선 甲丙과 만나는 점으로 이해하자.]

△甲乙庚∽△庚戊丁이다. 이유는 ∠甲乙庚=∠庚戊丁=∠R이고 다음이 성립하기 때문이다.

2∠乙甲庚=∠乙甲己=180°−∠乙庚己=∠戊庚己=2∠戊庚丁

그러므로 다음이 성립한다.

丁戊 : 戊庚=乙庚 : 甲乙,
甲乙×丁戊=戊庚×乙庚=戊庚^2 …… ⑥

△甲乙丙∽△丁戊丙이므로 다음을 얻는다.

丁戊 : 甲乙=戊丙 : 乙丙,
甲乙×戊丙=丁戊×乙丙 …… ⑦

위의 식 ⑥과 ⑦에 의해 다음을 얻는다.

4×(戊丙×甲乙)×甲乙=4×(丁戊×乙丙)×甲乙 [⑦에 의해]
=4×(丁戊×甲乙)×乙丙
=4×戊庚^2×乙丙 [⑥에 의해]

=4×戊庚^2×乙丙
=乙戊^2×(乙戊+戊丙),

실제로 계산하면 다음과 같다.

4×3×9×9=乙戊^2×(乙戊+3) …… ⑧
972=乙戊^3+3乙戊^2 ,
$x^3+3x^2-972=0$, [x=乙戊]
$x=9$(리), $3x=27$(리)

즉, 성의 반지름은 9리이고, [고법에 따라 원주율을 3이므로] 둘레는 27리이다.

☞ **역자 주 4**: 위의 역자 주 2에서 인용한 책(p. 138)에 의하면, 송경창의 스승 심흠배(沈欽裴)는 성의 지름을 x^2으로 놓고 다음 방정식을 유도했다고 한다.

$$x^4(x^2+a)=4ab^2 \quad \cdots\cdots ⑨$$

이는 약해의 방정식 ⑧과 일치한다.

심흠배는 다음과 같이 식 ⑨에 $(x^2+2a)^2$을 곱해서 진구소의 십차 방정식을 구하기도 했다.

$$(x^2+2a)^2\{x^4(x^2+a)-4ab^2\}=0,$$
$$x^{10}+5ax^8+8a^2x^6-4a(b^2-a^2)x^4-16a^2b^2x^2-16a^3b^2=0$$

☞ **역자 주 5**: 주어진 문제는 사차 방정식을 유도해서 해결하는 방법도 있다. 먼저 역자 주 2에서 인용한 책(pp. 136-137)에는 송경창이 설명한 다음과 같은 방법이 있다.

오른쪽 그림에서 성의 지름을 FB=x라고 하자. 그러면 △ABC∽△ADO이므로 다음을 얻는다.

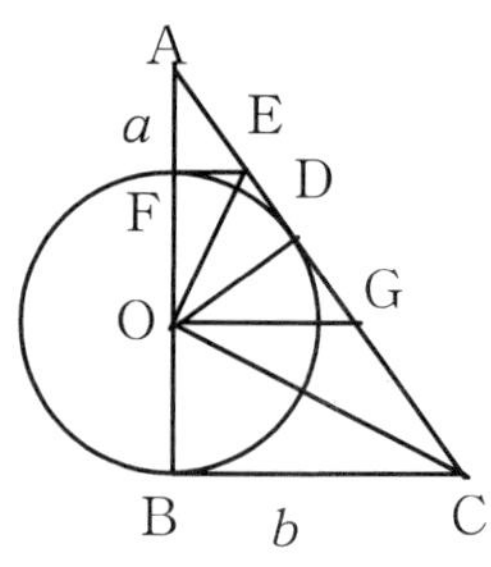

AC : AB=AO : AD,

$$\frac{\sqrt{(x+a)^2+b^2}}{x+a}=\frac{\frac{x}{2}+a}{\sqrt{a(x+a)}},$$

$$\frac{(x+a)^2+b^2}{(x+a)^2}=\frac{\left(\frac{x}{2}+a\right)^2}{a(x+a)} \quad \cdots\cdots ⑩$$

$$(x+a)^2\left(\frac{x}{2}+a\right)^2=\{(x+a)^2+b^2\}\{a(x+a)\},$$
$$x^4+2ax^3+a^2x^2-4ab^2x-4a^2b^2=0,$$
$$x^4+6x^3+9x^2-972x-2,916=0$$

또는 식 ⑩에서 $x+a$를 먼저 소거하고 다음과 같이 삼차 방정식을 얻을 수 있다.

$$\frac{(x+a)^2+b^2}{x+a}=\frac{\left(\frac{x}{2}+a\right)^2}{a},$$
$$(x+a)\left(\frac{x}{2}+a\right)^2=a\{(x+a)^2+b^2\},$$
$$x^3+ax^2-4ab^2=0,$$
$$x^3+3x^2-972=0$$

☞ **역자 주 6**: 주어진 문제를 해결하는 사차 방정식을 유도하는 방법을 한 가지 더 소개하면 다음과 같다.

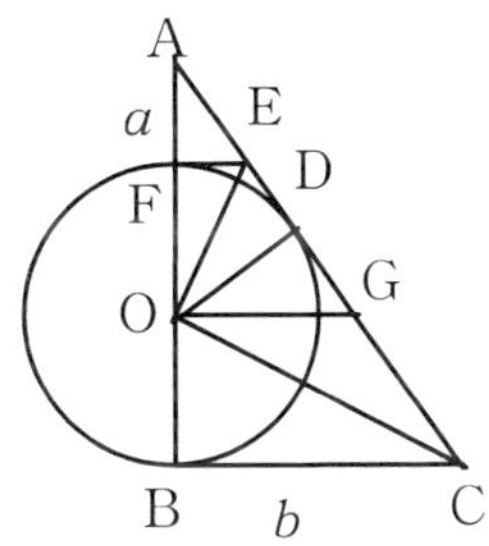

성의 반지름을 r이라고 하면, 직각 삼각형 ABC에서 다음을 얻는다.

$$AC^2=AB^2+BC^2$$
$$=(2r+a)^2+b^2 \quad \cdots\cdots ①$$

AC⊥DO이므로 △ABC의 넓이를 구하는 두 가지 방법에서 다음을 얻는다.

$$\tfrac{1}{2}(AB\times BC)=\tfrac{1}{2}(AC\times DO+OB\times BC),$$
$$(2r+a)\times b=AC\times r+r\times b,$$
$$AC=\frac{ab+br}{r} \quad \cdots\cdots ②$$

식 ②를 제곱하여 식 ①에 대입하고 정리하면 다음을 얻는다.

$$4r^4+4ar^3+a^2r^2-2ab^2r-a^2b^2=0,$$
$$4r^4+12r^3+9r^2-486r-729=0$$

六 망적원영(望敵圓營)

【수서 6】 **문제** 적이 강 옆에 둥근 군영을 설치했는데, 그 크기는 알지 못한다. 강의 남쪽 기슭으로부터 어떤 지점까지는 7리인데, 그곳에 두 개의 푯말을 2보의 거리를 두고 세운다. 서쪽 푯말과 적 군영의 남북[지름]은 서로 직선을 이루고, 서쪽 푯말에서 12보를 물러나서 동쪽 푯말에 맞추어 멀리 적의 군영을 바라보면 원의 가장자리와 가지런히 합치된다. 원주율은 밀률을 사용하고, 1리는 360보이다. 그 군영의 둘레와 지름이 각각 얼마인지 알고자 한다.

問 敵臨河爲圓營 不知大小 自河南岸至某地七里 於其地立兩表 相去二步 其西表與敵營南北相直 人退西表一十二步 遙望東表適與敵營圓邊參合 圓法用密率 里法三百六十步 欲知其營周及徑各幾何

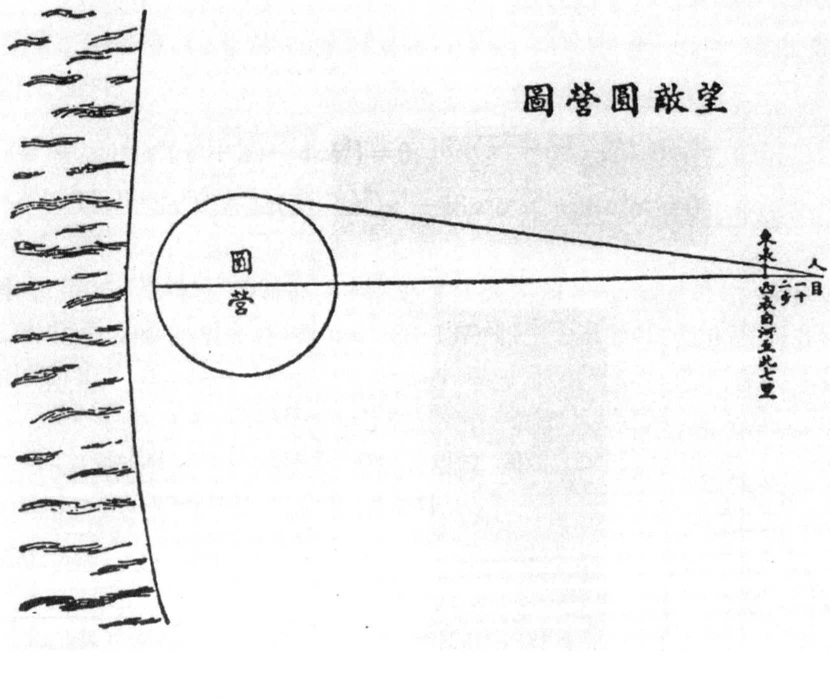

답 군영의 둘레 6리 102$\frac{6}{7}$보

지름 2리

答曰 營周六里一百二步七分步之六
徑二里

해법 구고의 석걸(쇄 모형)로 이를 구한다. 푯말 사이의 거리를 놓고 제곱하여 구의 제곱이라 하고, 푯말에서 물러난 거리를 제곱하여 고의 제곱이라 하며 두 제곱을 더하여 현의 제곱이라고 하자. 7리를 놓고 보로 환산하여 제곱하고, 구의 제곱에 곱한 값을 비율이라 하며, 이를 제곱하여 범실이고 하자. 현의 제곱의 반을 비율에 곱하여 범종상렴이라 하고, 구의 제곱을 고의 제곱에서 뺀 값을 4로 나누고 제곱하여 범익우라고 하자. 「주: 세 개의 범에 공약수가 있으며, 나누어 정으로 한다.」 연지 영롱〔홀수 차 항의 계수가 모두 0인〕 삼승방〔사차 방정식〕을 풀면, 군영의 지름을 얻고, 22를 곱하고 7로 나누면 군영의 둘레가 된다.

초고 푯말 사이의 거리 2보를 놓고, 제곱하여 얻은 4가 구의 제곱이 되고, 푯말에서 물러난 거리 12보를 놓고 제곱하여 얻은 144가 고의 제곱이 되며, 구의 제곱과 고의 제곱의 더하여 얻은 148이 현의 제곱이 된다. 7리를 놓고 이법 360보로 환산하면 2,520보를 얻고, 제곱하면 635만 400을 얻는다. 구의 제곱 4에 곱하여 얻은 2,540만 1,600이 비율이 된다. 이 비율을 제곱하여 얻은 645조 2,412억 8,256만이 범실이 된다. 이에 현의 제곱을 반으로 하면 74를 얻고, 비율 2,540만 1,600에 곱하여 얻은 18억 7,971만 8,400은 범종상렴이 된다. 구의 제곱 4를 고의 제곱 144에서 뺀 나머지는 140이고, 이를 4로 나누면 35를 얻으며, 이를 제곱하여 얻은 1,225가 음의 범우가 된다. 세 개의 범을 놓고 같은 것〔공약수〕을 구하면 1,225를 얻는다. 모두 이것으로 나누어 얻은 5,267억 2,757만 7,600이 정실이고, 153만 4,464는 종상렴이며, 1은 음의 정우인 영롱〔홀수 차 항의 계수가 모두 0인〕 삼승방〔사차 방정식〕을 푼다. 이에 염과 우의 초 2도로서 상을 나눈다. 상렴 700을 놓고 음의 우 153억을 나누면 1억이 된다. 이에 위의 상을 우에 곱하여 얻은 7억이 음의 하렴이 된다. 또 위의 상을 음의 염에 곱하고 종렴에서 뺀 나머지는 104억 4,464만이다. 또 위의 상을 종렴에 곱하여 얻은 731억 1,248

만이 종방이 된다. 이에 명한 위의 상으로 실을 나누면 실은 나머지 149억 4,021만 7,600이다. 또 위의 상을 음의 우에 곱하고 하렴을 더하면 14억을 얻고, 또 위의 상을 음의 염에 곱하고 종렴에서 뺀 나머지는 6억 4,464만이다. 또 위의 상을 종렴에 곱하고 방을 더하면 776억 2,496만을 얻는다. 또 위의 상을 음의 우에 곱하고 하렴을 더하면 21억을 얻는다. 또 위의 상을 음의 (우에 곱하고 하렴을 더하면 28억을 얻는다. 또 위의 상을 음의) 염에 곱하고 종렴에서 뺀 나머지 140억 5,536만이 음의 상렴이 된다. 또 위의 상을 음의 우에 곱하고 하렴을 더하면 28억을 얻는다. 여러 법은 모두 자리를 물린다. 방은 한 자리 물려서 77억 6,249만 6,000이 되고, 음의 상렴은 두 자리 물려서 1억 4,055만 3,600이 되며, 음의 하렴은 세 자리 물려서 280만이 되고, 음의 우는 네 자리 물려서 1만이 된다. 이에 위의 상으로 다음에 속상 20보를 놓는다. 속상을 우에 곱하고 하렴을 더하면 282만이 된다. 또 속상을 하렴에 곱하고 상렴에 더하면 1억 4,619만 3,600이 된다. 또 속상을 상렴에 곱하고 종방에서 뺀 나머지는 74억 7,010만 8,800이 된다. 이에 명명한 속상으로 실을 나누면 꼭 맞게 다하여 720보를 얻는다. 이를 이법으로 나누어 얻은 2리가 군영의 지름이 된다. 다음으로 밀률 22를 720에 곱하여 얻은 15,840을 실이라 하고, 이를 7로 나누면 2,262$\frac{6}{7}$보를 얻는다. 이를 이법으로 나누어 얻은 6리 102$\frac{6}{7}$보가 군영의 둘레가 된다.

이 조목에서 설정한 해법은 크게 잘못되었고, 얻은 수는 합당하지 않으며, 필요 없이 삼승방에 이른다. 평방의 포산으로 정확한 값을 구할 수 있다.

해법 : 푯말 사이의 거리 2보를 놓고 제곱하여 얻은 4보가 작은 구의 제곱이 되고, 푯말에서 물러난 거리 12보를 제곱하여 얻은 144보가 작은 고의 제곱이 된다. [강기슭과 서쪽 푯말] 사이의 거리 7리를 놓고, 이법 360보로 환산하면 2,520보를 얻는다. 푯말에서 물러난 거리 12보를 더하여 얻은 2,532보가 구현화가 되고, 제곱하여 얻은 6,411,024보가 구현화의 제곱이 된다. 이

에 작은 구의 제곱 4를 곱하여 얻은 25,644,096보가 실이 된다. 구현화를 2배로 하면 5,064보를 얻는다. 또 작은 구의 제곱 4를 곱하여 얻은 20,256이 종방이 되고, 작은 고의 제곱 144는 우가 된다. 같은 것〔공약수〕을 구하면 48을 얻고, 이것으로 실을 나누고 이를 4배하여 얻은 2,137,008이 정적이 된다. 〔이것으로〕 종〔방〕을 나누고 2배하여 얻은 844이 정렴이 된다. 〔이것으로〕 우를 나누어 얻은 3이 정우가 된다. 평방〔이차 방정식〕을 풀면 714보와 부진을 얻는데, 실 5,004가 분자이고 염은 5,116이다. 우를 3상에 곱하고 이를 더하고 다시 우를 더하여 분모가 되는 즉 합 714$\frac{5,004}{5,131}$보를 얻는다. 이법 360으로 나누면 1리 354보와 기가 있어 군영의 지름이 된다. 다음으로 군영의 지름을 통분하고 분자를 더한다. 22를 곱하여 얻은 80,707,836이 실이 되고, 분모 5,131에 7을 곱하여 얻은 35,917로 이를 나누면 2,247$\frac{2,337}{35,917}$보를 얻는다. 이법 360으로 나누어 얻은 6리 87보와 기가 군영의 둘레가 된다.

術曰 以句股夕桀求之 置表間自乘爲句冪 以退表自乘爲股冪 倂二冪爲弦冪 置里通步自之 乘句冪爲率 自乘爲泛實 半弦冪乘率 爲泛從上廉 以句冪減股冪 餘四約之 自乘爲泛益隅「三泛可約 約之爲定」開連枝三乘玲瓏方 得營徑 以密率二十二乘七除爲周

草曰 置表間二步 自乘 得四 爲句冪 以退表一十二步 自乘 得一百四十四 爲股冪 以句股二冪倂之 得一百四十八 爲弦冪 置七里 以里法三百六十步 通之 得二千五百二十步 自乘 得六百三十五萬四百 乘句冪四 得二千五百四十萬一千六百 爲率 以率自乘 得六百四十五萬[16]二千四百一十二億八千二百五十六萬 爲泛實 乃半弦冪 得七十四 乘率二千五百四十萬一千六百 得一十八億七千九百七十一萬八千四百 爲泛從上廉 以句冪四 減股冪一百四十四 餘一百四十 以四約之 得三十五 以自乘 得一千二百二十五 爲泛益隅 置三泛求等 得一千二百二十五 俱以約之 得五千二百六十七億二千七百五十七萬七千六百 爲定實 一百五十三億[17]四千四百六十四 爲從上廉 · 爲定益隅 開玲瓏三乘方

16) 당시에는 萬萬億($10^8 \cdot 10^8$)이 兆였다. 여기서는 萬億($10^4 \cdot 10^8$)을 '조'(兆)로 나타내겠다.

乃以廉隅超二度約商　置七百上廉　約一百五十三億益隅　爲一億　乃以上商生隅　得七億　爲益下廉　又以上商生益廉　減從廉　餘一百四億四千四百六十四萬　又以上商生從廉　得七百三十一億一千二百四十八萬　爲從方　乃命上商除實實　餘一百四十九億四千二十一萬七千六百　又以上商生益隅　入下廉　得一十四億　又以上商生益廉　減從廉　餘六億四千四百六十四萬　又以上商生從廉　入方　得七百七十六億二千四百九十六萬　又以上商生益隅　入下廉　得二十一億　又以上商生　益隅入下　得二十一億　又以上商生益廉　減從廉　餘一百四十億五千五百三十六萬　爲益上廉　又以上商生益隅　入下廉　得二十八億　諸法皆退　方一退　爲七十七億六千二百四十九萬六千　益上廉再退　爲一億四千五十五萬三千六百　益下廉三退　爲二百八十萬　益隅四退　爲一萬　乃於上商之次續商　置二十步　以續商生隅　入下廉　爲二百八十二萬　又以續商生下廉　入上廉　爲一億四千六百一十九萬三千六百　又以續商生上廉　減從方　餘七十四億七千一十萬八千八百　乃命續商除實適盡　所得七百二十步　以里法約之　得二里　爲營徑　次以密率二十二　乘七百二十　得一萬五千八百四十　爲實　以七除之　得二千二百六十二步七分步之六　以里法（18)）得六里一百二步七分步之六　爲營周

此條立術大誤 得數不合 而不必至於三乘方也 以平方布算審正

法 置表間二步 自乘 得四步 爲小句冪 以退表一十二步 自乘 得一百四十四步 爲小股冪 置相去七里 以里法三百六十步 通之 得二千五百二十步 幷退表一十二步 得二千五百三十二步 爲句弦和 自乘 得六百四十一萬一千二十四步 爲句弦和冪 以小句冪四步 乘 得二千五百六十四萬四千九十六步 爲實 句弦和 倍之 得五千六十四步 又以小句冪四步 乘 得二萬二百五十六 爲從方 以小股冪一百四十四 爲隅 求等得四十八 以約實 仍四倍 得二百一十三萬七千八 爲定積 約從倍之得八百四十四 爲定廉 約隅 得三 爲定隅 開平方 得七百一十四步 不盡 實五千四命爲分子 廉爲五千一百一十六 以隅乘三商 加之 再加隅命 爲分母 共得七百一十四步五千一百三十一分步之五千四 以里法約得一里三百五十四步 有奇 爲營徑 次以營徑通分内子 以二十二 乘

17) '億'은 '萬'의 오기
18) '約' 낙자

<u>得八千七十萬七千八百三十六 爲實 以分母通七 得三萬五千九百十七 除之 得二千二百四十七步三萬五千九百十七分步之二千三百三十七 以里法 約 得六里八十七步 有奇 爲營周也</u> (밑줄 친 부분은 의가당총서에 없음)

☞ **역자 주 1**: 해법과 초고에서는 다음과 같이 사차 방정식을 만들어 군영의 지름을 구하고 있다.

'구'는 두 푯말 사이의 거리인 a=2보, '고'는 푯말에서 물러난 거리인 b=12보, 남쪽 강기슭(즉 군영의 북쪽 끝)부터 서쪽 푯말까지의 거리는 s=7리=2,520보라고 하면, 군영의 지름 x보는 다음과 같은 사차 방정식의 근이다.

범실 ↓ 범종상렴 ↓ 범익우 ↓

$$(s^2a^2)^2 = \frac{a^2+b^2}{2}(s^2a^2)x^2 - \left(\frac{b^2-a^2}{4}\right)^2 x^4 \quad \cdots\cdots ①$$

$$(2,520^2\cdot 2^2)^2 = \frac{2^2+12^2}{2}\cdot 2,520^2\cdot 2^2x^2 - \left(\frac{12^2-2^2}{4}\right)^2 x^4,$$

$$(6,350,400\cdot 4)^2 = \frac{148}{2}\cdot 6,350,400\cdot 4x^2 - \left(\frac{140}{4}\right)^2 x^4,$$

$$(25,401,600)^2 = 74\cdot 25,401,600x^2 - 35^2x^4,$$

$$645,241,282,560,000 = 1,879,718,400x^2 - 1,225x^4,$$

↑ 범실 ↑ 범종상렴 ↑ 범익우

[계수들을 최대 공약수 1225로 나누면]

정실 ↓ 정종상렴 ↓ 정익우 ↓

$$526,727,577,600 \quad - \quad 1,534,464x^2 \quad - \quad x^4,$$

$$-x^4 + 1,534,464x^2 - 526,727,577,600 = 0$$

그 다음에는 이 사차 방정식의 근이 720보(=2리)임을 [증승개방법으로] 푸는 과정을 서술하고 있다. 이를 조립제법과 같은 방식으로 나타내면 다음과 같다.

−1	0	1,534,464	0	−526,727,577,600	(700
	−700	−490,000	731,124,800	511,787,360,000	
−1	−700	1,044,464	731,124,800	−14,940,217,600	
	−700	−980,000	45,124,800		
−1	−1,400	64,464	776,249,600		
	−700	−1,470,000			
−1	−2,100	−1,405,536			
	−700				
−1	−2,800				

위의 계산 과정을 다음과 같은 식으로 나타낼 수 있다.

$$
\begin{aligned}
f(x) &= -x^4 + 1,534,464x^2 - 526,727,577,600 \\
&= (x-700)(-x^3 - 700x^2 + 1,044,464x + 731,124,800) - 14,940,217,600 \\
&= (x-700)\{(x-700)(-x^2 - 1,400x + 64,464) + 776,249,600\} - 14,940,217,600 \\
&= (x-700)[(x-700)\{(x-700)(-x-2,100) - 1,405,536\} + 776,249,600] - 14,940,217,600 \\
&= (x-700)[(x-700)\{(x-700)(-(x-700) - 2,800) - 1,405,536\} + 776,249,600] - 14,940,217,600 \\
&= (x-700)[(x-700)\{-(x-700)^2 - 2,800(x-700) - 1,405,536\} + 776,249,600] - 14,940,217,600 \\
&= (x-700)\{-(x-700)^3 - 2,800(x-700)^2 - 1,405,536(x-700) + 776,249,600\} - 14,940,217,600 \\
&= -(x-700)^4 - 2,800(x-700)^3 - 1,405,536(x-700)^2 + 776,249,600(x-700) - 14,940,217,600
\end{aligned}
$$

이제 $y = x - 700$으로 놓으면 다음을 얻는다.

$$-y^4 - 2,800y^3 - 1,405,536y^2 + 776,249,600y - 14,940,217,600 = 0$$

그리고 이 방정식을 조립제법으로 다음과 같이 풀 수 있다.

−1	−2,800	−1,405,536	776,249,600	−14,940,217,600	(20
	−20	−56,400	−29,238,720	14,940,217,600	
−1	−2,820	−1,461,936	747,010,880	0	

그러므로 다음을 얻는다.

$$
\begin{aligned}
&-y^4 - 2,800y^3 - 1,405,536y^2 + 776,249,600y - 14,940,217,600 \\
&= (y-20)(-y^3 - 2,820y^2 - 1,461,936y + 747,010,880) \\
&= \{(x-700) - 20\}(-y^3 - 2,820y^2 - 1,461,936y + 747,010,880) \\
&= (x-720)(-y^3 - 2,820y^2 - 1,461,936y + 747,010,880) = 0,
\end{aligned}
$$

이에 따라 근 $x=720$(보)를 얻는다. 즉, 군영의 지름은 2리이고 [원주율은 $\frac{22}{7}$ 이므로] 둘레는 $\frac{720\times22}{7}=\frac{15,840}{7}=2262\frac{6}{7}$(보)=6리 $102\frac{6}{7}$ 보이다.

☞ **역자 주 2**: 초고의 마지막 부분에서는, 위의 해법에 오류가 있다고 주장했으며, 다음과 같이 이차 방정식을 만들어 군영의 지름을 구하고 있다.

'작은 구'는 두 푯말 사이의 거리인 $a=2$보, '작은 고'는 푯말에서 물러난 거리인 $b=12$보, '구현화'는 남쪽 강기슭(즉 군영의 북쪽 끝)부터 서쪽 푯말까지의 거리 $s=7$리$=2{,}520$보와 작은 고 $b=12$보의 합 $A+C=2532$보라고 하면, 군영의 반지름 r은 다음과 같은 이차 방정식의 근이다.

실 → $a^2(A+C)^2$, 종방 → $2a^2(A+C)r$, 우 → b^2r^2

$$a^2(A+C)^2=2a^2(A+C)r+b^2r^2 \quad \cdots\cdots ②$$
$$2^2\cdot2,532^2=2\cdot2^2\cdot2,532r+12^2r^2$$
$$4\cdot6,411,024=4\cdot5,064r+144r^2$$
$$25,644,096=20,256r+144r^2$$

[계수들을 최대 공약수 48로 나누면]

$$534,252=422r+3r^2$$

그러므로 군영의 지름 $d=2r$은 다음과 같은 이차 방정식의 근이다.

정적 → $4a^2(A+C)^2$, 정렴 → $2\cdot2a^2(A+C)d$, 정우 → b^2d^2

$$4a^2(A+C)^2=2\cdot2a^2(A+C)d+b^2d^2 \quad \cdots\cdots ③$$
$$4\cdot534,252=2\cdot422d+3d^2$$
$$2,137,008=844d+3d^2$$

군영의 지름: $d=714\frac{5,004}{5,131}$(보)=1리 $354\frac{5,004}{5,131}$ 보

군영의 둘레: $d\times\frac{22}{7}=\frac{714\times5,131+5,004}{5,131}\times\frac{22}{7}=\frac{3,668,538}{5,131}\times\frac{22}{7}$

$=\frac{80,707,836}{35,917}=2,247\frac{2,337}{5,131}$(보)=6리 $87\frac{2,337}{5,131}$ 보

아래의 그림 해설에서는 이와 같은 이차 방정식을 얻는 과정을 그림을 통해 확인하고 있다.

그림 해설 戊는 동쪽 푯말이고, 丁은 서쪽 푯말이며, 戊丁은 두 푯말 사이의 거리, 즉 표간이라고 하자. 丙은 사람의 눈이고, 辛은 강〔남쪽 강기슭 또는 군영의 북쪽 끝〕이며, 辛丁은 푯말과 강 사이의 거리이라고 하자. 사람의 눈 丙에서 서쪽 푯말 丁까지를 작은 고라 하고, 표간 戊丁을 작은 구라고 하자. 사람의 눈 丙에서 군영 원의 가장자리 甲까지를 큰 고라 하고, 〔丙에서〕 원의 중심 乙까지는 큰 현이라 하고, 甲乙은 큰 구라고 하자. 큰 구는 곧 군영의 반지름이다. 원의 중심 乙에서 강〔기슭〕 辛까지도 역시 반지름이므로, 丙辛은 큰 구현화〔즉 큰 구와 큰 현의 합〕이다. 그 삼각형 丙丁戊와 丙甲乙은 서로 닮은 직각 삼각형이다. 이유는 다음과 같다. 삼각형 丙甲乙의 변 丙甲은 원의 가장자리에 닿는 〔접〕선이고 곧 반지름 甲乙의 절선과 만난다. 〔그러므로〕 그 각 甲은 반드시 직각이 되어 〔丙甲乙은〕 직각 삼각형이 된다. 또 삼각형 丙丁戊의 각 丁도 역시 직각이 되고, 직각 삼각형 丙甲乙과 한 각 丙을 공유하며, 그 나머지 한 각은 반드시 같아서 서로 닮은 도형이 된다. 무릇 구현화〔구와 현의 합〕의 제곱 안에는 현의 제곱과 구의 제곱 각 1단 및 구와 현을 서로 곱한 적 2단이 있다. 그리고 현의 제곱은 원래 구의 제곱과 고의 제곱의 합이다. 그러므로 구현화의 제곱은 고의 제곱 1단과 구의 제곱 2단 및 구와 현을 서로 곱한 적 2단을 합한 수이다. 또 구의 제곱 및 구를 현에 곱한 수는 곧 구를 구현화를 곱한 수이다. 그러므로 큰 구현화를 제곱하면 곧 큰 고의 제곱 1단 및 큰 구를 구현화에 곱한 수의 2배의 합이다. 이에 닮은 삼각형의 작은 구의 제곱을 이에 곱하여 실이라고 하는 즉 그 가운데 큰 고의 제곱은 변하여 큰 구의 제곱과 작은 고의 제곱을 서로 곱한 수가 된다. 「주: 작은

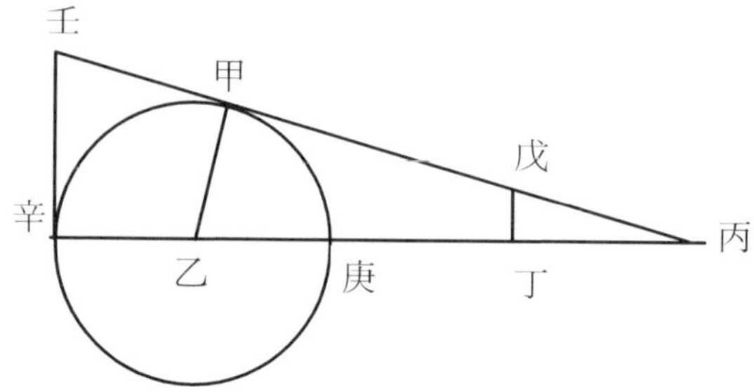

고의 제곱은 1률이고 큰 고의 제곱이 2율이며 작은 구의 제곱이 3률이면 곧 큰 구의 제곱은 4율이 된다. 2율와 3률을 서로 곱한 수와 1률과 4율을 서로 곱한 수는 같다.」 그러므로 작은 고의 제곱은 우 법이 된다. 큰 구를 큰 구현화의 2배에 곱한 수는 변하여 작은 구의 제곱을 큰 구현화의 2배에 곱하고 이에 또 큰 구를 곱한 수가 된다. 그러므로 작은 구의 제곱을 큰 구현화의 2배에 곱한 수가 종방이 된다. 평방을 풀면 큰 구, 곧 군영의 반지름을 얻는다. 지금 지름, 곧 군영의 전체 지름을 구하므로, 실적은 4배로 하고 종방은 2배로 한다.「주: 만일 먼저 반지름을 구하고 이를 2배로 하는 즉 분모의 차는 우법의 수보다 크다. 대개 개방의 명분(나눔 즉 제곱 근)은 원래 통율이 아니다. 그러므로 고로 작은 차이가 있다.」

圖解曰 戊爲東表 丁爲西表 戊丁爲表相去 丙爲人目 辛爲河 辛丁爲表河相去 丙人目至丁西表爲小股 戊丁表間爲小句 丙人目至甲營圓邊爲大股 至乙圓心爲

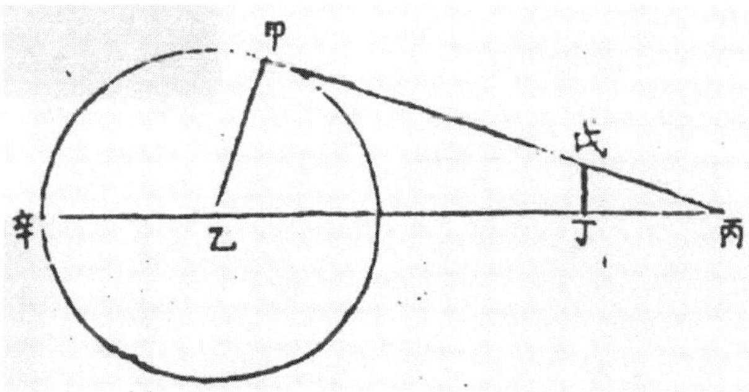

大弦 甲乙爲大句 卽營半徑 乙圓心至辛河亦爲半徑 而丙辛爲大句弦和 其丙丁戊丙甲乙爲同式句股形也 何者 丙甲乙形之丙甲線切於圓邊 則爲甲乙半徑線之切線 其甲角必爲直角 而成句股形 且丙丁戊形之丁角亦爲直角 而與丙甲乙形共用一丙角 其餘一角必等 而爲同式形矣 凡句弦和冪 內有弦冪句冪各一 及句弦相乘積二段 而弦冪原是句冪股冪和 則句弦和冪 爲股冪一句冪二句弦相乘積二之共數也 又句冪及句乘弦 卽句乘句弦和 故大句弦和自乘 則爲大股冪一 及大句乘大句弦和倍之數也 仍以同式小句冪乘之爲實 則其中大股冪 變爲大句冪與小股冪相乘之數「小股冪爲一率 大股冪爲二率 小句冪爲三率 則大句冪爲四率 二三率相乘數 與一四率相乘數等」故以小股冪爲隅法也 大句乘大句弦和倍之數 變爲以小句冪乘大句弦和倍之 又以大句乘之數 故以小句冪乘大句弦和倍之 爲從方 開平方 得大句 卽營半徑也 今徑求

營全徑 故四倍實積 倍從方也「若先求半徑倍之 則分母差多隅法之數 蓋開方命分 原非通率 故有微差也」

☞ **약해**: 그림 해설을 [역자 주 1 및 2와 같은] 기호를 이용해서 요약하면 다음과 같다.

먼저 두 식각 삼각형 丙丁戊과 丙甲乙의 각 변을 다음과 같이 놓자.

戊丁='작은 구'$=a$, 丙丁='작은 고'$=b$,

甲乙='큰 구'=乙辛$=A$, 丙甲='큰 고'$=B$,

丙乙='큰 현'$=C$, 丙辛='큰 구현화'$=A+C\,(=s+b)$

한편 △丙丁戊∽△丙甲乙이므로, 丙丁 : 丙甲=戊丁 : 甲乙이 성립하고 다음을 얻는다.

丙甲×戊丁=丙丁×甲乙, $Ba=bA$, $a^2B^2=b^2A^2$,

그러므로 큰 구현화의 제곱으로부터 다음을 얻는다.

$$\begin{aligned}(A+C)^2 &= A^2+C^2+2AC = A^2+A^2+B^2+2AC\\ &= B^2+2A^2+2AC = B^2+2A(A+C),\\ a^2(A+C)^2 &= a^2B^2+2a^2A(A+C) = 2a^2(A+C)A+b^2A^2\end{aligned}$$

따라서 [A를 미지수 r로 바꾼] r에 관한 다음 이차 방정식을 풀면 군영의 반지름 A를 얻는다.

$$a^2(A+C)^2 = 2a^2(A+C)r+b^2r^2$$

이것은 역자 주 2의 식 ②와 같다. 그리고 군영의 지름 $d=2r$을 이차 방정식 ③은 다음과 같이 유도된다.

$$\begin{aligned}4a^2(A+C)^2 &= 4\cdot 2a^2(A+C)r+4b^2r^2\\ &= 2\cdot 2a^2(A+C)(2r)+b^2(2r)^2\\ &= 2\cdot 2a^2(A+C)d + b^2d^2\end{aligned}$$

☞ **역자 주 3**: 그림 해설의 도형에는 원문에 없는 점 庚과 壬을 추가했다. 이를 이용해서, 이 문제에 대한 송경창(宋景昌)의 기하학적 해법을 소개하면 다음과

같다([수서 5]의 역자 주 2에서 인용한 책 p. 141 참조].

[앞에서 이용한 기호와 같이] 丁戊$=a$, 丙丁$=b$, 甲乙$=A$, 乙丙$=C$, 辛庚$=2A=x=d$라고 하면, 丙辛$=A+C$이고 丙庚$=A+C-x$이다.

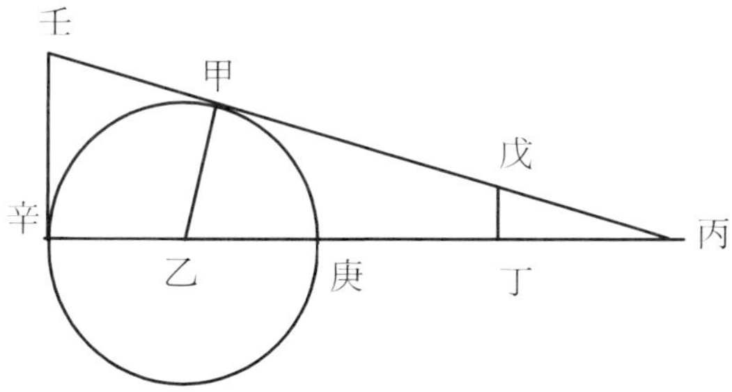

여기서 △丙乙甲∽△丙戊丁이므로 丙甲/甲乙＝丙丁/丁戊이고, △丙甲庚∽△丙辛甲이므로 $丙甲^2=丙辛\times丙庚$이다. 따라서 다음과 같이 역자 주 2의 식 ③이 유도된다.

$$\frac{丙辛\times丙庚}{甲乙}=\frac{丙丁}{丁戊},\quad \frac{\sqrt{(A+C)(A+C-x)}}{\frac{x}{2}}=\frac{b}{a},$$

$$(A+C)(A+C-x)=\frac{b^2}{a^2}\cdot\frac{x^2}{2^2},$$

$$2^2a^2\{(A+C)^2-(A+C)x\}=b^2x^2,$$

$$4a^2(A+C)^2=2\cdot 2a^2(A+C)x+b^2x^2$$

한편, 문제 [수서 6]의 조건에서 '서쪽' 푯말에서 물러난 거리 $b=12$보를 '동쪽' 푯말에서 물러난 거리 $b=$丙戊로 바꾸고, 남쪽 강기슭부터 '서쪽 푯말'까지의 거리는 $s=7$리를 남쪽 강기슭부터 '관찰자'까지의 거리 $s=$辛丙으로 바꾸면, 진구소가 답으로 제시한 군영의 지름 2리＝720보를 다음과 같이 얻을 수 있다[위에서 인용한 책 p. 142 참조].

△丙甲乙∽△丙丁戊이므로 丙乙/乙甲＝丙戊/戊丁이다. 즉 다음을 얻는다.

$$\frac{s-\frac{x}{2}}{\frac{x}{2}}=\frac{b}{a},\quad \frac{2s-x}{x}=\frac{b}{a}$$

$$a(2s-x)=bx,\quad 2as=(a+b)x,$$

$$x=\frac{2as}{a+b}=\frac{2\times2\times2,520}{2+12}=\frac{10,080}{14}=720(\text{보})$$

그리고 백상서(白尙恕)가 관찰한 대로, 다음과 같이 진구소가 이용한 방정식 ①

을 유도할 수 있다.

△丙辛壬∽△丙丁戊이므로 丙辛/辛壬=丙丁/丁戊이다. 여기서 丙辛$=s=7$리$=2{,}520$보, 丙丁$=\sqrt{b^2-a^2}$보, 丁戊$=a$보이므로, 辛壬$=as/\sqrt{b^2-a^2}$이다. 그러므로 △丙辛壬에서 다음을 얻는다.

$$丙壬=\sqrt{丙辛^2+辛壬^2}=\sqrt{s^2+\left(\frac{as}{\sqrt{b^2-a^2}}\right)^2}$$

또 △丙辛壬∽△丙甲乙이므로 辛壬/壬丙=甲乙/乙丙, 즉 다음을 얻는다.

$$\frac{\dfrac{as}{\sqrt{b^2-a^2}}}{\sqrt{s^2+\left(\dfrac{as}{\sqrt{b^2-a^2}}\right)^2}}=\frac{\dfrac{x}{2}}{s-\dfrac{x}{2}}$$

이것으로부터 다음과 같이 방정식 ①을 유도할 수 있다.

$$\frac{\dfrac{a^2s^2}{b^2-a^2}}{s^2+\dfrac{a^2s^2}{b^2-a^2}}=\frac{a^2s^2}{s^2(b^2-a^2)+a^2s^2}=\frac{a^2s^2}{s^2b^2}=\frac{x^2}{4s^2-4sx+x^2},$$

$$a^2(4s^2-4sx+x^2)=b^2x^2,\quad 4a^2s^2+(a^2-b^2)x^2=4a^2sx,$$

$$\left(a^2s^2-\frac{b^2-a^2}{4}x^2\right)^2=(a^2sx)^2,$$

$$(a^2s^2)^2-(a^2s^2)\frac{b^2-a^2}{2}x^2+\left(\frac{b^2-a^2}{4}\right)^2x^4=a^4s^2x^2,$$

$$(a^2s^2)^2=(a^2s^2)\left(\frac{b^2-a^2}{2}+a^2\right)x^2-\left(\frac{b^2-a^2}{4}\right)^2x^4,$$

$$(s^2a^2)^2=\frac{a^2+b^2}{2}(s^2a^2)x^2-\left(\frac{b^2-a^2}{4}\right)^2x^4 \cdots\cdots ①$$

七 망적원근(望敵遠近)

【수서 7】 **문제** 적군이 북쪽 산 아래의 기슭에 있는데, 그곳까지의 거리를 알지 못한다. 이에 평지에 높이 4자의 푯말을 한 개 세우고, 사람은 900보 물러난다. 「주: 1보는 5자이다.」 그리고 멀리 산기슭을 바라보면, 푯말의 끝과 가지런히 합치된다. 사람 눈의 높이는 4자 8치이다. 적군과 서로 얼마만큼 떨어져 있는지 알고자 한다.

問 敵軍處北山下原 不知相去遠近 乃於平地立一表高四尺 人退表九百步 「步法五尺」遙望山原適與表端參合 人目高四尺八寸 欲知敵軍相去幾何

답 12.5리
答曰 一十二里半

해법 구고의 중차로 이를 구한다. 사람 눈의 높이를 놓고, 이에서 푯말의 높이를 뺀 나머지를 법이라고 하자. 푯말에서 물러난 거리를 놓고 푯말의 높이를 곱하여 실이라고 하자. 실을 법으로 나눈다.

초고 사람 눈의 높이 수 4자 8치를 놓고, 푯말의 높이 4자를 뺀 나머지 8치가 법이 된다. 푯말에서 물러난 거리 900보를 놓고 보법 50치로 환산하면 45,000치를 얻어, 푯말의 높이 40치를 곱하여 얻은 1,800,000치가 실이 된다. 법 8치로 나누면 225,000치를 얻는다. 보법 50치로 이를 나누어 얻은 4,500보가 〔적과 푯말〕 사이의 보수이고, 이법 360보로 이를 나누면 12.5리 반을 얻는다. 이는 적과 푯말 사이의 거리로 물음에 합당하다.

術曰 以句股求之重差入之 置人目高 以表高減之 餘爲法 置退表 乘表高 爲實 實如法而一

草曰 置人目高四尺八寸 減表高四尺 餘八寸 爲法 置退表九百步 以步法五十寸 通之 得四萬五千寸 乘表高四十寸 得一百八十萬寸 爲實 如法八寸而一 得二十二萬五千寸 以步法五十寸 約之 得四千五百步 爲相去步 以里法三百六十步 約之 得一十二里半 爲敵去表所 合問

☞ **역자 주 1**: 해법과 초고에서 적군까지의 거리를 구한 과정을 다음과 같이 요약할 수 있다.

$$(\text{적군까지의 거리}) = \frac{(\text{푯말에서 물러난 거리}) \times (\text{푯말의 높이})}{(\text{사람 눈의 높이}) - (\text{푯말의 높이})}$$

$$= \frac{(900 \times 50) \times 40}{48 - 40} = \frac{45,000 \times 40}{8} = \frac{1,800,000}{8}$$

$$= 225,000(\text{치}) = 4,500(\text{보}) = 12.5(\text{리})$$

아래의 그림 해설에서는 이 계산 과정의 정당성을 도형으로 확인하고 있다.

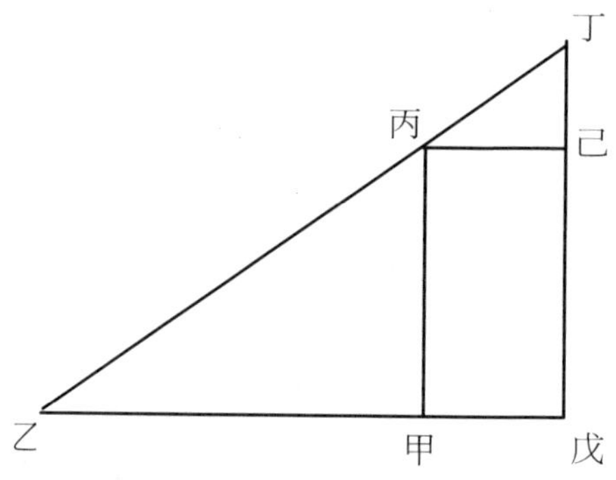

그림 해설 丙甲은 푯말의 높이로 己戊와 같고, 乙은 적군이 있는 곳이며, 甲乙은 적과 푯말 사이의 거리라고 하자. 甲戊는 푯말에서 물러난 거리로 丙己와 같고, 丁戊는 사람 눈의 높이이며, 푯말의 높이 丙甲을 뺀 나머지 丁己는 눈과 푯말의 높이 차이다. 드디어 직각 삼각형 丁己丙과 丙甲乙은 서로 닮은 도형이다. 그러므로 눈과 푯말의 높이 차 丁己와 푯말에서 물러난 거리 丙己의 비는 푯말의 높이 丙甲과 적과 푯말 사이의 거리 甲乙의 비와 같다.

圖解曰 丙甲爲表高 與己戊等 乙爲敵軍處 甲乙爲敵去表所 甲戊爲退表 與丙己等 丁戊爲人目高 減丙甲表高 餘丁己 爲目表兩高較 遂成丁己丙丙甲乙同式句股形 故以丁己目表兩高較 與丙己退表 若丙甲表高與甲乙敵去表所也

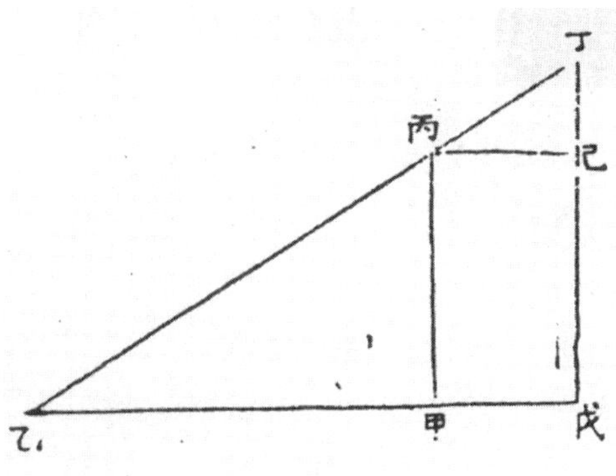

☞ **약해**: 그림 해설을 기호를 이용해서 나타내면 다음과 같다.

△丁己丙∽△丙甲乙이므로 다음을 얻는다.

丁己 : 丙己 = 丙甲 : 甲乙,

甲乙 = 丙己 × 丙甲 ÷ 丁己
= 900보 × 4자 ÷ (4자 8치 − 4자)
= 4,500자 × 4자 ÷ 0.8자
= 22,500자 = 4,500보 = 12.5리

☞ **역자 주 2**: 『수서구장』에는 문제 '망적원근' 뒤에 문제 '고지추원'(古池推元)이 있다. 이 문제에서는 오른쪽 그림과 같이 원이 정사각형에 내접하고 정사각형의 꼭지점에서 원까지의 거리 a(=9자 6치)가 주어졌을 때 정사각형의 한 변의 길이 x와 원의 지름 d를 묻는다. 그리고 해법에서는 x를 다음과 같은 이차 방정식의 근으로 구하고 있다.

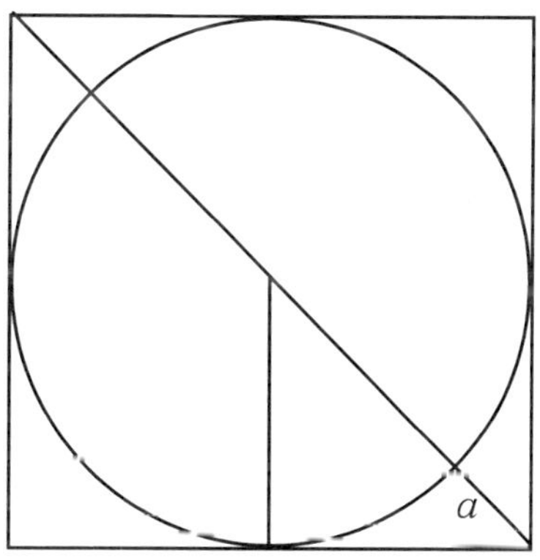

$$2a^2 = -2ax + \frac{x^2}{2}$$

八 표망부도(表望浮圖)

【수서 8】 **문제** 절의 탑이 옆으로 기울어져 있다. 탑의 중심 기둥목을 바꾸려고 하는데, 그 높이를 알지 못한다. 탑으로부터 6장만큼 떨어진 속에 찰간[19]이 있는데, 그 높이도 역시 알지 못한다. 땅으로부터 9자 2치 되는 높이의 찰간에 고리가 박히기 시작해서 〔전체적으로〕 14개의 고리가 박혀있다. 고리의 길이는 5치이고, 매 고리의 아래 모서리 사이의 거리는 2자 5치이다. 나아가 찰간을 푯말로 삼고, 사람이 찰간에서 3장을 물러나서 멀리 절의 탑을 바라보면 그 꼭대기와 찰간의 꼭대기가 비스듬히 합치된다. 또 상륜[20]의 밑을 바라보면, 입극이 위에서 일곱째 고리의 위 모서리이다〔즉 시선이 위에서 일곱째 고리의 위 모서리를 지난다〕. 사람 눈은 땅으로부터 4자 8치 위에 있고, 중심 기둥목은 잘라버릴 것을 생각해서 3자만큼 더 긴 나무를 구한다. 탑의 높이와 상륜의 높이 및 필요한 중심 기둥목의 길이는 각각 얼마인지 알고자 한다.

問 有浮圖攲側 欲换塔心木 不知其高 去塔六丈有刹竿 亦不知其高 竿木去地九尺二寸 始釘鏁[21]鏆一十四枚 枚長五寸 每鏆下股相去二尺五寸 就竿爲表 人退竿三丈 遙望浮圖尖適與竿端斜合 又望相輪之本 其景入鏆第七枚上股 人目去地四尺八寸 心木放三尺爲楯卯翦截 欲求塔高輪高合用塔心木長各幾何

답 탑의 높이 11장 7자, 상륜의 높이 3장
탑신[22]의 높이 8장 7자, 찰간의 높이 4장 2자 2치
탑의 중심 기둥목 9장 「주: 9장 안에 잘라버릴 3자가 있다.」

答曰 塔高一十一丈七尺 相輪高三丈
塔身高八丈七尺 竿高四丈二尺二寸
塔心木九丈「内三尺爲翦截穿鑿楯卯」

---

19) 刹竿, 덕이 높은 스님이 있음을 알리기 위해, 나무와 쇠로 만들어 절 앞에 세우는 깃대 모양의 물건.
20) 相輪, 불탑의 꼭대기에 노반과 수연 사이에 있는 9개의 테로 이루어진 금속 정식. 구륜(九輪)이라고도 한다.
21) '鏆'은 옥편에서 찾아볼 수 없는 글자이다. 여기서는 이를 찰간을 장식하는 것으로 생각해서 고리로 번역한다.
22) 탑의 기단과 상륜 사이에 있는 탑의 몸체

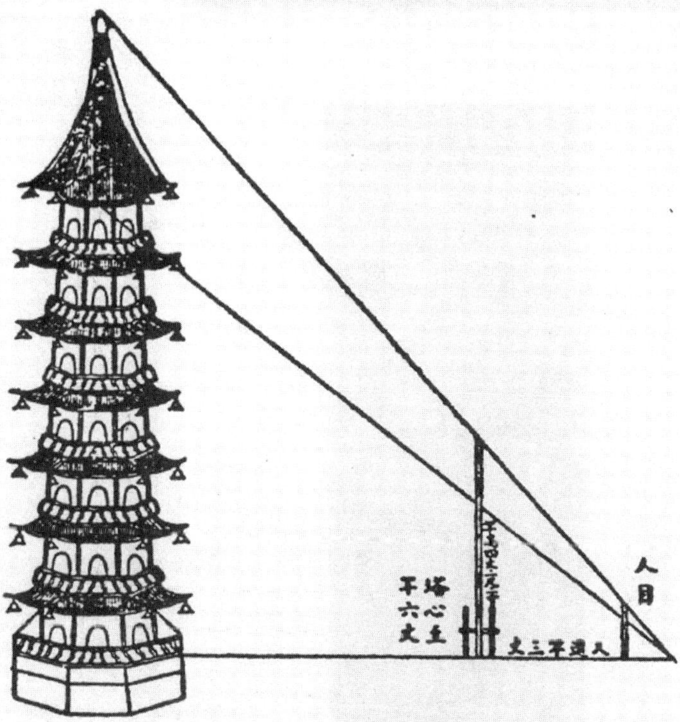

해법 구고의 중차를 써서 이를 구한다. 고리의 수를 놓고 1을 뺀 나머지에 고리 사이의 거리를 곱하고 고리 한 개의 길이를 더한다. 이에 찰간 아래의 부분을 더하면 푯말인 찰간의 높이가 된다. 푯말에서 물러난 거리를 법이라 하고, 사람 눈의 높이를 푯말인 찰간의 높이에서 뺀 나머지에 탑과 찰간 사이의 거리를 곱하여 실이라고 하자. 실을 법으로 나누어 얻은 수에 푯말인 찰간의 높이를 더하면 탑의 높이가 된다 상륜의 밑을 바라볼 때의 고리의 수를 놓고 1을 뺀 나머지에 고리 사이의 거리를 곱한다. 또 찰간과 탑 사이의 거리를 곱하여 실이라고 하자. 실을 법으로 나누면 상륜의 높이를 얻는다. 「주: 살펴보면, 당연히 고리의 수〔입국〕를 더해야 상륜의 높이이다.」 이를 탑의 높이에서 뺀 나머지는 탑신의 높이가 된다. 「주: 살펴보면, 마땅히 위에서 살펴본 상륜의 높이를 탑의 높이에서 뺀 나머지가 탑신의 높이이다.」 잘라버릴 자수를 더하면 탑의 중심 기둥목의 길이가 된다. 「주: 살펴보면, 잘라버릴 자수를 위에서 살펴본 탑신의 높이에 더한 합이 탑의 중심 기둥목의 길이다.」

초고 고리 14매를 놓고, 1을 뺀 나머지는 13이다. 이에 고리 사이의 거리 2자 5치를 곱하면 325치를 얻고, 가장 위에 있는 고리 1매의 길이 5치를 더하면 330치를 얻는다. 또 찰간 아래의 부분 9자 2치를 더하여 얻은 합 422치가 푯말인 찰간의 높이가 된다. 사람이 푯말에서 물러난 거리 3장을 환산하여 얻은 300치가 법이 된다. 다음에 사람 눈의 높이 4자 8치를 푯말인 찰간의 높이 422치에서 뺀 나머지는 374치이다. 이를 찰간과 탑 사이의 거리 6장〔=600치〕에 곱하여 얻은 224,400치가 실이 된다. 실을 법 300치로 나누면 748치를 얻고, 푯말인 찰간의 높이 422치를 더하면 1,170치를 얻는다. 이를 10으로 나누어 얻은 11장 7치가 탑의 높이가 된다. 상륜의 밑을 바라볼 때 들어가는 제7 고리에서 1을 뺀 나머지는 6이다. 이에 고리 사이의 거리 2자 5치를 곱하면 150치를 얻는다. 또 찰간과 탑 사이의 거리 6장〔=600치〕을 곱하여 얻은 90,000치가 실이 된다. 실을 앞의 법 300치로 나누면 300치를 얻고, 장법〔1장=100치〕으로 나누어 얻은 3장이 상륜의 높이이다. 「주: 살펴보면, 당연히 입국 1장 5자를 더하여 얻은 4장 5자가 상륜의 높이가 된다.」 상륜의 높이 3장을 탑의 높이 11장 7자에서 뺀 나머지 8장 7자가 탑신의 높이이다. 「주: 살펴보면, 상륜의 높이 4장 5자를 탑의 높이 11장 7자에서 뺀 나머지 7장 2자가 탑신의 높이이다.」 잘라버릴 3자를 더하여 얻은 합 9장이 탑의 중심 기둥목의 길이이다. 「주: 살펴보면, 탑신의 높이 7장 2자에 3자를 더하여 얻은 7장 5자가 탑의 중심 기둥목의 길이이다.」 물음에 합치된다.

이 조목에서 상륜의 높이, 탑신의 높이, 탑의 중심 기둥목의 길이 등 세 수 모두에 오류가 있다. 그러므로 이를 수정하고 그림으로 분명하게 설명한다.

術曰 以句股求之重差入之 置鐶數 減一 餘 乘鐶去數 併一枚長數 加竿本共爲表竿高 以退表爲法 以人目高 減表竿高 餘乘竿去塔爲實 實如法而一 得數 加表竿高 共爲塔高 置相輪本之鐶數 減一 餘 乘鐶相去 又乘竿去塔爲實 實如法而一 得相輪高「按 當加入鐶數 爲相輪高」以減

塔高 餘爲塔身高「按 當以上按相輪高 減塔高 餘爲塔身高」以益楯卯尺數 爲塔心木長「按 以楯卯尺數加于上按塔身高 共爲塔心木長」(「…」 안은 의가당총서에 없음)

草曰 置鏑一十四枚 減一 餘一十三 以乘鏑相去二尺五寸 得三百二十五寸 併最上鏑一枚長五寸 得三百三十寸 又加竿本九尺二寸 共得四百二十二寸 爲表竿高 以人退表三丈 通爲三百寸爲法 次以人目高四尺八寸 減表竿高四百二十二寸 餘三百七十四寸 以乘竿去塔六丈 得二十二萬四千四百寸 爲實 實如法三百而一 得七百四十八寸 加表竿高四百二十二寸 得一千一百七十寸 以十約之 爲一十一丈七尺 爲塔高 置相輪本入第七鏑 減一 餘六 以乘鏑相去二尺五寸 得一百五十寸 又乘竿去塔六丈 得九萬寸 爲實 實如前法三百寸而一 得三百寸 約三丈 得相輪高「按 當加入鏑一丈五尺 得四丈五尺 爲相輪高」以相輪高三丈 減塔高一十一丈七尺 餘八丈七尺 爲塔身高「按 以相輪高四丈五尺 減塔高一十一丈七尺 餘七丈二尺 爲塔身高」益三尺爲翦截楯卯 共得九丈 爲塔心木長「按 塔身高七丈二尺 加三尺 得七丈五尺 爲塔心木長」合問 (「…」 안은 의가당총서에 없음)

'此條 相輪高 塔身高 塔心木長 三數 俱誤 故改正 以圖明之' (' ' 안은 의가당총서에 없음)

☞ **역자 주**: 해법과 초고에서 찰간의 높이, 탑의 높이, 상륜의 높이, 탑신의 높이, 탑의 중심 기둥목의 길이를 구한 과정을 다음과 같이 요약할 수 있다.

$$\begin{aligned}(\text{찰간의 높이}) &= [\{(\text{고리 전체의 개수})-1\}\times(\text{고리 사이의 거리}) + (\text{고리 한 개의 길이})] + (\text{찰간 아래의 부분})\\ &= \{(14-1)\times 25+5\}+92\\ &= (325+5)+92\\ &= 330+92\\ &= 422(\text{치}) = 4\text{장 } 2\text{자 } 2\text{치},\end{aligned}$$

$$(\text{탑의 높이}) = \frac{(\text{찰간과 눈 높이의 차})\times(\text{탑과 찰간 사이의 거리})}{(\text{찰간에서 물러난 거리})} + (\text{찰간의 높이})$$

$$= \frac{(422-48)\times 600}{300} + 422$$
$$= 374\times 2 + 422$$
$$= 748 + 422$$
$$= 1170(\text{치}) = 11\text{장 } 7\text{자},$$

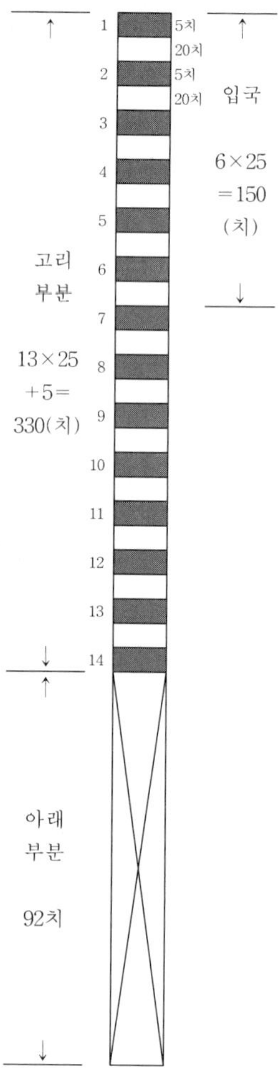

$$(\text{상륜의 높이}) = \frac{(\text{입국})\times(\text{탑과 찰간 사이의 거리})}{(\text{찰간에서 물러난 거리})}$$
$$= \frac{150\times 600}{300} = 300(\text{치}) = 3\text{장},$$

$$(\text{탑신의 높이}) = (\text{탑의 높이}) - (\text{상륜의 높이})$$
$$= (11\text{장 } 7\text{자}) - (3\text{장}) = 8\text{장 } 7\text{자},$$

$$(\text{탑의 중심 기둥목의 길이}) = (\text{탑신의 높이}) + (\text{잘라버릴 길이})$$
$$= (8\text{장 } 7\text{자}) + (3\text{자}) = 9\text{장}$$

그런데 주석에서는 상륜의 높이 계산이 오류라 주장하고 있다. 이에 따라 탑신의 높이와 탑의 중심 기둥목의 길이도 잘못될 수밖에 없다. 주석에서 제시한 정확한 답은 다음과 같다.

$$(\text{상륜의 높이}) = \frac{(\text{입국})\times(\text{탑과 찰간 사이의 거리})}{(\text{찰간에서 물러난 거리})} + (\text{입국})$$
$$= \frac{150\times 600}{300} + 150 = 450(\text{치}) = 4\text{장 } 5\text{자},$$

$$(\text{탑신의 높이}) = (\text{탑의 높이}) - (\text{상륜의 높이})$$
$$= (11\text{장 } 7\text{자}) - (4\text{장 } 5\text{자}) = 7\text{장 } 2\text{자},$$

$$(\text{탑의 중심 기둥목의 길이}) = (\text{탑신의 높이}) + (\text{잘라버릴 길이})$$
$$= (7\text{장 } 2\text{자}) + (3\text{자}) = 7\text{장 } 5\text{자}$$

아래의 그림 해설에서 주석의 주장이 정확함을 확인할 수 있다.

그림 해설 甲乙은 탑의 높이이고, 甲丙은 상륜의 높이이며, 丙乙은 탑신의 높이라고 하자. 辛丁은 〔푯말인〕 찰간으로 子乙과 서로 같고, 癸庚은 탑의 중심으로부터 찰간까지의 거리로 子辛과 서로 같다고 하자. 庚己는 푯말에서 물러난 거리이고, 戊己는 사람 눈의 높이로 庚丁과 같으며, 辛庚은 두 높이〔찰간과 사람 눈의 높이〕의 차라고 하자. 辛壬은 제7수까지의 입국으로 丑丙과 같다고 하자. 甲丑은 상륜의 높이와 입국의 차이다. 드디어 두 직각 삼각형 甲子辛과 辛庚己는 서로 닮은 도형이고, 두 삼각형 己辛壬과 辛甲丑도 또한 서로 닮은 도형이다. 그러므로 푯말에서 물러난 거리 己庚과 두 높이의 차 辛庚의 비는 탑의 중심으로부터 찰간까지의 거리 子辛과 찰간의 꼭대기부터 탑의 꼭대기까지의 높이 甲子의 비와 서로 같다. 찰간의 높이 子乙을 더하여 얻은 甲乙이 탑의 높이가 된다. 다음으로, 푯말에서 물러난 거리 庚己와 입국 辛壬의 비는 탑의 중심으로부터 찰간까지의 거리 子辛과 상륜과 입국의 차 甲丑의 비와 서로 같다. 입국 丑丙의 수를 더하여 얻은 甲丙이 상륜의 높이가 된다. 이에 탑의 높이 甲乙과 상륜의 높이 甲丙을 서로 뺀 나머지 丙乙이 탑신의 높이가 된다.

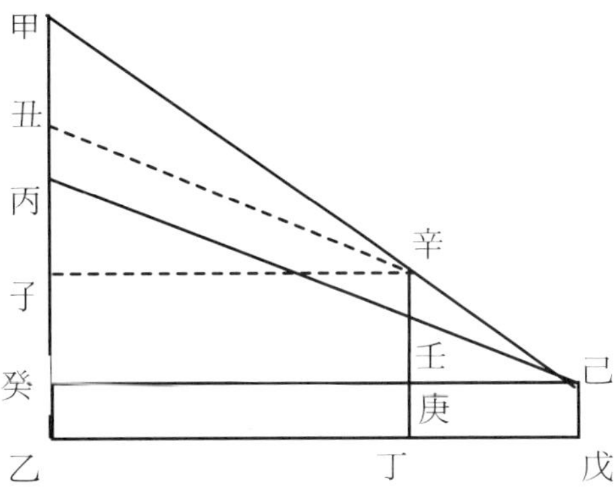

圖解曰　甲乙爲塔高　甲丙爲相輪高　丙乙爲塔身高　辛丁爲刹竿　與子乙等　癸庚爲塔心至竿　與子辛等　庚己爲退表　戊己爲人目高　與庚丁等　辛庚爲兩高較　辛壬爲入鏚第七數　與丑丙等　甲丑爲相輪高與入鏚之較　遂成甲子辛辛庚己同式句股形　而己辛壬與辛甲丑又爲同式形　故以己庚退表　與辛庚兩高較　若子辛

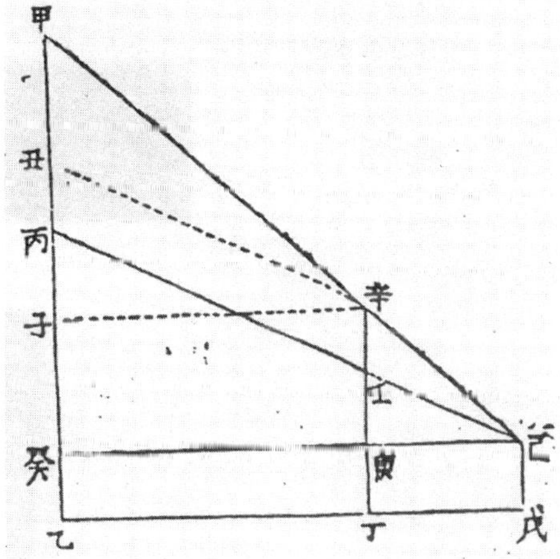

塔心至竿 與甲子竿端至塔尖 加子乙竿高 得甲乙爲塔高 次以庚己退表 與辛壬入鏑 若子辛塔心至竿 與甲丑相輪入鏑較 加丑丙入鏑數 得甲丙爲相輪高 乃以甲乙塔高 與甲丙相輪高 相減 餘丙乙爲塔身高

☞ **약해**: 그림 해설을 기호를 이용해서 나타내면 다음과 같다.

△甲子辛∽△辛庚己이므로 다음과 같이 甲子와 탑의 높이 甲乙을 얻는다.

己庚 : 辛庚＝子辛 : 甲子,

甲子＝辛庚×子辛÷己庚
＝(42.2－4.8)×60÷30＝74.8(자),

甲乙＝甲子＋子乙
＝74.8＋42.2＝117(자)＝11장 7자

또, △己辛壬∽△辛甲丑이므로 다음과 같이 甲丑과 상륜의 높이 甲丙을 얻는다.

己庚 : 辛壬＝子辛 : 甲丑,

甲丑＝辛壬×子辛÷己庚
＝15×60÷30＝30(자)

甲丙＝甲丑＋丑丙
＝30＋15＝45(자)＝4장 5자

마지막으로 탑신의 높이 丙乙은 다음과 같다.

丙乙＝甲乙－甲丙
＝117－45＝52(자)＝5장 2자

九 망지적중(望知敵衆)

【수서 9】 **문제** 적의 둥근 군영이 강 북쪽의 모래톱에 있는데, 사람의 수는 알지 못한다. 첩자에 따르면, 그 군영은 각 병사가 사방 8자의 땅을 차지하도록 진을 치고 있다. 아군은 강 남쪽의 산언덕에 있다. 언덕 아래에 높이가 8장인 표를 세웠는데, 그 높이는 산허리와 나란히 서로 같다. 푯말의 꼭대기에 붙인 줄을 공중에서 수평으로 당기면 사람의 발까지 30보가 된다. 사람이 그곳에 서서 그 군영의 북쪽 언덕을 바라보면 푯말의 꼭대기와 더불어 가지런히 합치된다. 또 남쪽 언덕을 바라보면 입표가 8자이다〔즉, 시선은 푯말의 꼭대기에서 8자 아래로 들어간 지점을 지난다〕. 사람 눈의 높이는 4자 8치이다. 원주율은 밀률을 사용하고 중차를 이용해서, 적군 전체의 수가 얼마인지 구하여라.

問 敵爲圓營 在水北平沙 不知人數 諜稱彼營布卒占地方八尺 我軍在水南山原 於原下立表高八丈 與山腰等平 自表端引繩虛量平至人足三十步 人立其處 望彼營北陵與表端參合 又望營南陵入表端八尺 人目高四尺八寸 以圓密率入重差 求敵衆合得幾何

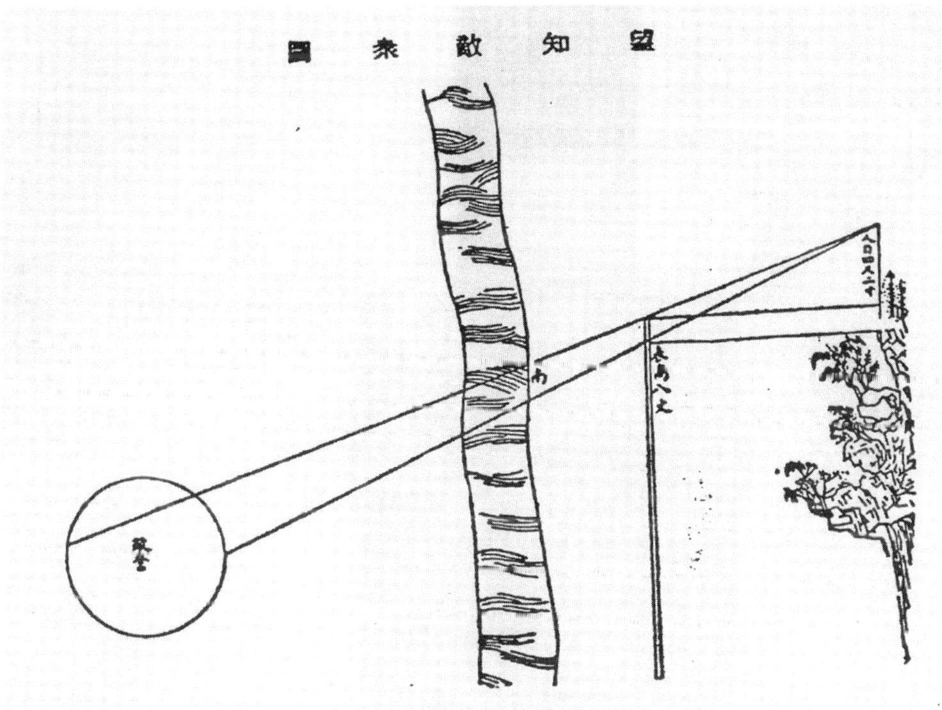

답 적군 849인
答曰 敵衆八百四十九人

해법 구고로 이를 구한다. 사람이 푯말에서 물러난 거리를 놓고, 입표를 곱하여 실이라고 하자. 사람 눈의 높이를 법으로 하여 이를 나누면 〔군영의〕 지름을 얻는다. 밀주율〔22〕을 지름에 곱하여 얻은 수를 실이라고 하자. 밀경률〔7〕을 인입〔병사 사이의 거리〕에 곱하여 법이라고 하여 이를 나누면, 바깥 둘레에 있는 사람 수를 얻는다. 나머지는 거두어들이고, 얻은 수 하나를 별도로 놓는다. 이에 6을 더하여 별도로 놓은 수에 곱하여 얻은 수를 실이라고 하자. 이를 12로 나누고 나머지는 역시 거두어들이면 전체가 된다.

초고 사람이 푯말에서 물러난 거리 30보를 놓고, 보법 5자를 환산한 50치를 곱하면 1,500치를 얻는다. 이를 입표 8자에 곱하여 얻은 120,000치가 실이 된다. 사람 눈의 높이 48치가 법이 되어 이를 나누면 〔적 군영의〕 지름 2,500치를 얻는다. 밀률의 주법 22를 지름 2,500치에 곱하여 얻은 55,000치가 실이 된다. 밀률의 경법 7을 첩자가 말한 적군의 간격 8자에 곱하여 얻은 560치가 법이 된다. 실을 나누어 얻은 98인은 바깥 둘레에 있는 사람 수이고 부진 120치는 거두어들인다. 바깥 둘레에 있는 98인을 별도로 놓고 6을 더하면 104인을 얻어, 별도로 놓은 수에 곱하여 얻은 10,192인이 실이 된다. 12를 법으로 하여 실을 나누어 얻은 849가 적군의 수이고 부진은 버린다.

이 조목에서 세운 해법에는 오류가 있다. 그러므로 포산을 바로 잡고, 그림으로 이를 분명히 밝힌다.

해법 사람 눈의 높이 4.8자에 입표 8자를 더하면 128치를 얻는다. 이것과 사람 눈의 높이를 서로 곱하여 얻은 6,144치를 법이라고 하자. 푯말에서 물러난 거리 30보를 놓고 환산하면 1,500치를 얻고, 입표를 곱하면 120,000치를 얻어 위에 놓는다. 푯말의 높이 8장에 사람 눈의 높이를 더하면 8장 4자 8치를 얻고, 이를 위에 놓은 수에 곱하여 얻은 101,760,000치를 실이라고 하자. 실을 법으로 나누면 16,562$\frac{1}{2}$치를 얻고, 환산하여 얻은

165장 6자 $2\frac{1}{2}$치가 곧 군영의 지름이다. 밀율 주법 22로 이에 곱하여 얻은 364,375치가 실이 되고 밀률 경법 7에 사람 사이의 간격 8자를 곱하여 얻은 560치가 법이다. 법으로 실을 나누어 얻은 650인이 바깥 둘레에 있는 사람의 수이고 부진 375는 버린다. 별도로 놓은 바깥 둘레에 있는 사람의 수에 6을 더하면 656을 얻고, 별도로 놓은 수에 곱하여 얻은 426,400은 실이 된다. 실을 12로 나누어 얻은 35,533인이 적군의 수이고 부진 4는 버린다.

術曰 以句股求之 置人退表步 乘入表 爲實 以人目高 爲法 除之 得徑 以密周率乘徑 得數 爲實 以密徑率因人立 爲法 約之 得外周人數 餘收爲一副置 加六以乘副 得數 爲實 如一十二而一 餘亦收爲全

草曰 置人立退表三十步 以步法五尺 展爲五十寸 通之 得一千五百寸 乘入表八尺 得一十二萬寸 爲實 以人目高四十八寸 爲法 除之 得徑二千五百寸 以密率周法二十二 乘徑二千五百 得五萬五千寸 爲實 以密率徑法七 因諜稱人立八尺 得五百六十 爲法 除實 得九十八人 爲外周人數 不盡一百二十寸弃之 副置外周九十八人 加六 得一百四 乘副得一萬一百九十二人 爲實 以一十二爲法 除實 得八百四十九 爲敵衆不盡弃之[23)]

'此條立術舛誤 故布筭審正 以圖明之

法 以目高四尺八寸 加入表八尺 得一丈二尺八寸 與目高相乘 得六千一百四十四寸 爲法 置退表三十步 通爲一千五百寸 以乘入表 得一十二萬寸 於上 以表高八丈 加目高 得八丈四尺八寸 乘上 得一億一百七十六萬寸 爲實 實如法而一 得一萬六千五百六十二寸二分寸之一約 爲一百六十五丈六尺二寸二分寸之一 卽營徑已 以密率周法二十二乘之 得二十六萬四千三百七十五寸 爲實 以密率徑法七因人立四[24)]尺 得五百六十 爲法 除實 得六百五十人爲外周人數 不盡三百七十五

23) 의가낭총서에는 밑줄친 부분이 다음과 같이 되어 있다
以法五百六十寸約實五萬五千寸得九十八人爲外周人數不盡一百二十寸弃之副置外周九十八人加六得一百四人乘副爲實以十二爲法以法進一步法進二商八百法退商四十得八百四十九爲適衆不盡弃之

24) '四'는 '八'의 오기

棄之 副置外周 加六 得六百五十六 以乘副 得四十二萬六千四百 爲實 如十二而一 得三萬五千五百三十三人 爲敵衆 不盡棄之'(' ' 안의 부분은 의가당총서에 없음)

☞ **역자 주 1**: 이것은『수서구장』제16권의 둘째 문제이다. 해법과 초고에서 군영의 지름과 적군의 수를 구하는 과정을 다음과 같이 요약할 수 있다.

(군영의 지름)=(푯말에서 물러난 거리)×(입표)÷(사람 눈의 높이)

$=(30\times50)\times80\div48=120{,}000\div48=2{,}500$(치) …… ①

(바깥 둘레의 적군 수)=(군영의 지름)×(밀률)÷(병사 사이의 거리)

$=2{,}500\times\dfrac{22}{7}\div80=55{,}000\div560=98\dfrac{120}{560}\fallingdotseq98$(명) …… ②

(적군 전체의 수)={(바깥 둘레의 적군 수)+6}×(바깥 둘레의 적군 수)÷12

$=(98+6)\times98\div12=10{,}192\div12=849\dfrac{4}{12}\fallingdotseq849$(명) …… ③

그런데 초고의 후반부에서는 군영의 지름을 구하는 식 ①이 잘못되었다고 주정하고 있다. 이에 따라 ②와 ③의 결과도 의미가 없다. 초고에서 제시한 정확한 결과는 다음과 같다.

(군영의 지름)

$$=\frac{(\text{푯말에서 물러난 거리})\times(\text{입표})\times\{(\text{푯말의 높이})+(\text{사람 눈의 높이})\}}{\{(\text{사람 눈의 높이})+(\text{입표})\}\times(\text{사람 눈의 높이})}$$

$$=\frac{(30\times50)\times80\times(800+48)}{(48+80)\times48}=\frac{1500\times80\times848}{128\times48}$$

$$=\frac{101,760,000}{6,144}=16{,}562.5\text{(치)} \cdots\cdots ④$$

(바깥 둘레의 적군 수)=(군영의 지름)×(밀률)÷(병사 사이의 거리)

$=16{,}562.5\times\dfrac{22}{7}\div80=364{,}375\div560=650\dfrac{375}{560}\fallingdotseq650$(명)

(적군 전체의 수)={(바깥 둘레의 적군 수)+6}×(바깥 둘레의 적군 수)÷12

$=(650+6)\times650\div12=426{,}400\div12=35{,}533\dfrac{4}{12}\fallingdotseq35{,}533$(명) …… ⑤

그림 해설에서는 식 ④에서 얻은 군영이 지름이 정확함을 도형을 이용해서 밝힌다.

☞ **역자 주 2**: 위의 식 ③ 또는 ⑤에서 바깥 둘레에 있는 사람의 수로 사람 전체의 수를 계산하는 과정은, 이 문제의 앞 부분인 『수서구장』 제15권의 셋째 문제와 제16권의 첫째 문제에서 다룬 원진(圓陳)과 원영(圓營)의 결과로 보인다.

이것은 아래 그림과 같이 배열된 점들에 대해서 바깥 둘레에 있는 점의 개수 n (n은 6의 배수)을 알 때, 점 전체의 개수 $S=\frac{n(n+6)}{12}$를 구하는 과정과 같다.

n	6	12	18	…

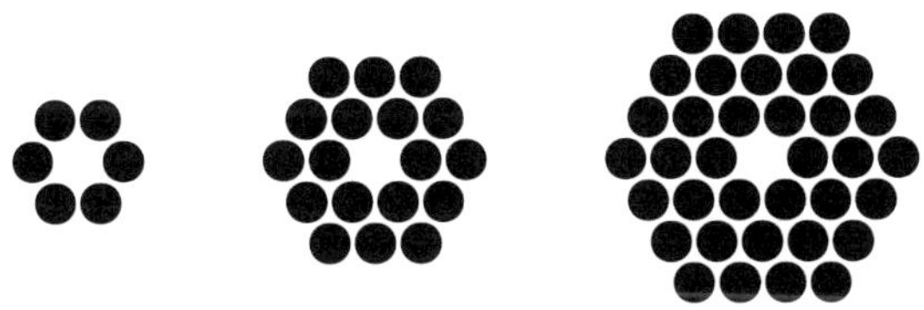

S	6	18	36	…

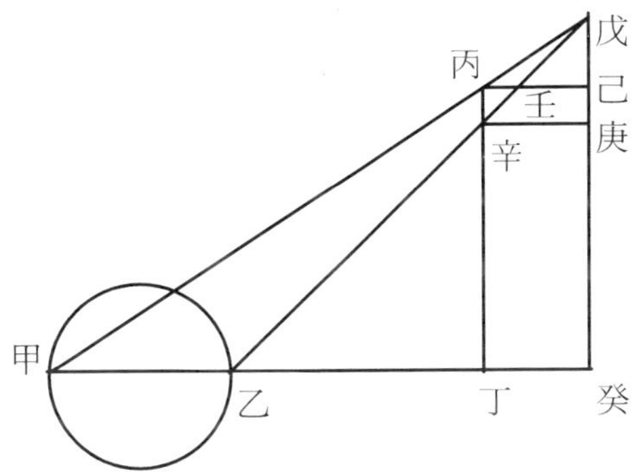

그림 해설 甲乙은 군영의 지름이고, 丙丁은 푯말의 높이로 己癸와 같다고 하자. 丙辛은 입표로 己庚과 같고, 戊己는 사람 눈의 높이라고 하자. 戊癸는 눈과 푯말 두 높이의 합이고, 戊庚은 사람 눈의 높이와 입표의 합이다. 丙己는 푯말에서 물러난 거리로 庚辛과 서로 같고, 丙壬은 구할 수이다. 드디어 두 직각 삼각형 戊庚辛과 辛丙壬은 서로 닮은 도형이다. 그러므로 사람 눈의 높이와 입표의 합 戊庚과 푯말에서 물러난 거리 庚辛의 비는 입표 丙辛과 구할 수 丙壬의 비와 서로 같다. 이것이 제1 비례이다. 또 두 직각 삼각형 戊己丙과 戊癸甲은 서로 닮은 도형이고 두 삼각형 戊壬丙과 戊乙甲도 또한 서로 닮은 도형이다. 그러므로 사람 눈의 높이 戊己와 구할 수 丙壬의 비는 두 높이의 합 戊癸와 군영의 지름 甲乙의 비는 서로 같다. 이것은 제2 비례이다. 그런데 제 2 비례의 2율인 구할 수 丙壬은 곧 제1 비례의

4율이다. 그러므로 이제 하나를 제거하는 방법을 살피면, 제1 비례의 2율인 푯말에서 물러난 거리 庚辛과 3률인 입표 丙辛을 서로 곱하고 또 제2 비례의 3률인 두 높이의 합 戊癸를 이에 곱하여 실이라고 하자. 제1 비례의 1률인 사람 눈의 높이와 입표의 합 戊庚을 제2 비례의 1률인 사람 눈의 높이 戊己에 곱하여 법이라고 하자. 법으로 실을 나누면 제2 비례의 4율인 군영의 지름 甲乙을 얻는다.「주: 제1 비례의 2율과 3률을 서로 곱한 수는 곧 제1 비례의 1률과 4율의 서로 곱한 수이다. 이에 제2 비례의 3률을 곱하면, 제2 비례의 2율과 3률을 서로 곱한 수에 비하여 제1 비례의 1률을 곱한 것만큼 크다. 그러므로 제1 비례의 1률을 제2 비례의 1률에 곱한 것을 1률로 삼는다.」

圖解曰 甲乙爲營徑 丙丁爲表高 與己癸等 丙辛爲入表 與己庚等 戊己爲人目高 戊癸爲目表兩高和 戊庚爲人目入表和 丙己爲退表 與庚辛等 丙壬爲得數 遂成戊庚辛辛丙壬同式句股形 故以戊庚人目入表和與庚辛退表 若丙辛入

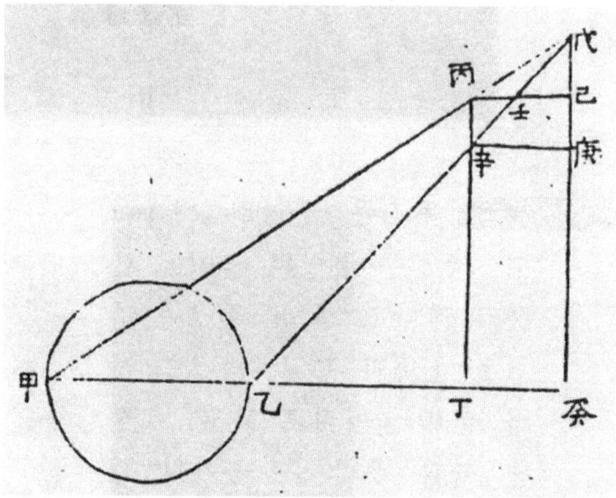

表 與丙壬得數 此第一比例也 且戊己丙戊癸甲爲同式句股形 而戊壬丙與戊乙甲又爲同式形 故以戊己人目高 與丙壬得數 若戊癸兩高和與乙甲營徑 此第二比例也 而第二比例之二率丙壬得數 卽第一比例之四率 故今省一除 以第一比例之二率庚辛退表 與三率丙辛入表 相乘 又以第二比例之三率戊癸兩高和 乘之 爲實 以第一比例之一率戊庚人目入表和 乘第二比例之一率戊己人目高 爲法 除實 得第二比例之四率乙甲營徑也「第一比例之二三率 相乘數 卽第一比例之一四率 相乘數也 以乘第二比例之三率 仍比第二比例之二三率 相乘數 則多以第一比例之一率乘之者 故以第一比例之一率乘第二比例之一率 以爲一率也」

☞ **약해**: 그림 해설을 기호를 이용해서 나타내면 다음과 같다.

△戊庚辛∽△辛丙壬이므로 다음을 얻는다.

戊庚 : 庚辛 = 辛丙 : 丙壬 …… ①

또 △戊己丙∽△戊癸甲이고 △戊壬丙∽△戊乙甲이므로 다음을 얻는다.

戊己 : 丙壬 = 戊癸 : 甲乙 …… ②

따라서 식 ①과 ②에서 다음을 얻는다.

$$\text{甲乙} = \frac{\text{庚辛} \times \text{辛丙} \times \text{戊癸}}{\text{戊庚} \times \text{戊己}} \quad \cdots\cdots \ ③$$

주석에서는 두 비례식 ①과 ②에서 식 ③을 얻는 이유를 다음과 같이 설명하고 있다.

비례식 ①에서 [내항의 곱과 외항의 곱이 서로 같으므로] 다음을 얻는다.

庚辛×辛丙=戊庚×丙壬 …… ④

식 ④에 식 ②의 戊癸를 곱하면 다음과 같다.

(庚辛×辛丙)×戊癸=(戊庚×丙壬)×戊癸
=戊庚×(丙壬×戊癸) …… ⑤

한편, 식 ②에 의해 [내항의 곱 丙壬×戊癸와 외항의 곱 戊己×甲乙이 서로 같으므로] 식 ⑤를 다음과 같이 쓸 수 있다.

庚辛×辛丙×戊癸=戊庚×(戊己×甲乙)
=(戊庚×戊己)×甲乙,

甲乙=(庚辛×辛丙×戊癸)÷(戊庚×戊己)

식 ③은 역자 수 1의 식 ④와 일치한다.

측량도해

2006년 5월 10일 초판 인쇄
2006년 5월 20일 초판 발행

저 자 / 패동 남원상 (浿東 南元裳) 도해
역 자 / 유인영 · 허 민
발행자 / 오판근
발행처 / 교우사

주 소 / 서울 동대문구 제기2동 148-19
전 화 / 925-2861, 929-4865
팩 스 / 925-2860
E-mail / kw2861 @ chollian. net
http: // www. kyowoo. co. kr
등록 / 1994. 3. 24 세6-0256호

ISBN 89-8172-606-X (94410)
89-8172-590-X (세트)

값 **20,000**원

이 저서는 2002년 한국학술진흥재단의 지원에 의하여 연구되었음.
(KRF-2002-071-CS2001)